인류세

Anthropocene: A Very Short Introduction, First Edition

First edition was originally published in English in 2018.
Korean translation rights arranged with Oxford University Press
through EYA(Eric Yang Agency).

첫단추 시리즈

인류세

얼 C. 엘리스 지음
김용진 · 박범순 옮김

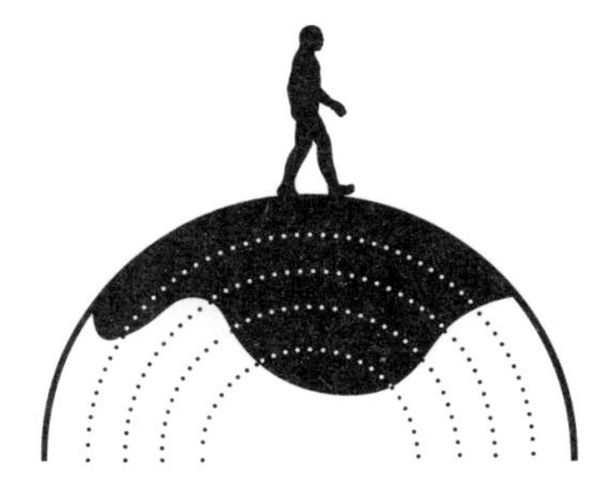

교유서가

차례

머리말

역사를 다시 쓰는 일은 야심 찬 기획이다. 만약 우리 행성 전체의 역사를 다시 쓰고 그 역사의 주인공까지 새로이 등장시켜야 한다면, 그 작업은 더더욱 야심 찬 기획이 된다. 그런데 이 책은 바로 그런 기획을 하고 있다.

당신이 살고 있는 행성의 역사, 그리고 그 안에서 당신이 해온 역할의 역사는 지금 새롭게 쓰이는 중이다. 이 역사의 새로운 장에서 당신은 주인공 역할을 맡았다. 우리 인간들, 즉 안트로포스(Anthropos)는 지구의 작동을 너무나 거대하게 변화시켜왔다. 그래서 과학자들은 이제 인류세라는 새로운 지질학적 시대 명칭을 통해 이 점을 인정해야 한다고 제안한다. 이전 지질시대와는 달리 인간이 '자연의 거대한 힘'이 되었음을 표시하기 위해 인류세라는 용어를 쓰자는 제안은 학계 안팎에서 폭발적으로 터져 나오고 있다.

인류세라는 용어의 미래는 여전히 불확실하다. 과학적 논쟁은 여전히 '인간의 시대'를 정의하는 다양한 제안 속에서 소용돌이치고 있으며, 그중에는 인류세를 즉각 거부해야 한다는 입장도 있다. 계속 진행중인 작업이기 때문에, 인류세가 무엇이고 무엇이 될 것인지에 대해서 최종적인 답을 제공할 수 있는 책은 아직 없다. 이 책에서 내가 목표로 삼은 것은 그보다는 더 단순하다. 나는 과학적 제안으로서 인류세를 이해하는 데 필요한 배경지식을 독자에게 제공하고 인류세가 왜 그렇게 광범위하게 영향력을 발휘하게 되었는지 설명하고자 한다. 그 과정에서 독자들이 나와 마찬가지로 영감을 받고 좀더 의식적이고 주도적으로 더 나은 인간의 시대를 만들어낼 수 있기를 희망한다.

제 1 장

기원들

“우리는 인류세에 살고 있습니다!” 노벨상 수상자인 대기화학자 파울 크뤼천(Paul Crutzen)은 2000년 한 학술회의장에서 절망스럽게 외쳤다. 크뤼천은 자신의 동료들이 현시대를 여전히 홀로세(Holocene)라고 부른다는 점에 좌절했는지도 모른다. 지난 빙하기가 끝난 이후로, 즉 홀로세가 시작된 이후로 인간은 너무나 명백하게 지구의 모습을 변화시켰다. 지구의 현 지질시대를 우리 자신의 이름, 즉 인간을 의미하는 안트로포스(Anthropos)에서 따와서 명명하자는 제안은 크뤼천이 외쳤던 순간부터 학계 안팎에서 대단한 관심과 비판을 불러일으켰다.

왜 소수의 학자끼리만 사용하는 지질학적 용어가 이렇게

빠르게 전 세계적인 학술 토론의 발화점이자 대중적 현상이 되었을까? 이것을 이해하려면 과학을 넘어 태초부터 인간 사회에 존재하던 기원 이야기를 더 깊게 들여다볼 필요가 있다.

선사시대부터 현재에 이르기까지, 인간이 자연 안에서 하는 역할은 인간의 기원을 설명하는 서사 방식에 따라 자손, 동반자, 관리자, 정원사, 혹은 파괴자로 다양하게 정의되고 재정의되었다. 유대교, 기독교, 이슬람교 같은 아브라함 계열 종교들의 기원 이야기에서 인간은 신성한 천지창조의 중심에 있는 특권적 존재다. 코페르니쿠스와 다윈은 과학적 증거에 기반하여 새로운 서사를 구성하였고, 이 서사에서 인간은 평범한 항성 주위를 회전하며 일개 행성에 사는 동물의 한 종류일 뿐이다.

인류세 개념은 우리의 관점을 더 대대적으로 수정하라고 요구한다. 지질학자와 여타의 학자들은 인류세를 공식 명칭으로 만들자는 제안을 두고 갑론을박한다. 학자들의 인류세 논의가 자연 속에서 인간이 하는 역할, 심지어 인간다움의 의미에 관한 오래된 세계관 및 현대의 논쟁과 얽혀 있다는 점은 놀랍지 않다.

자연의 거대한 힘

크뤼천이 인류세를 열정적으로 제안했던 배경에는 인간이 대기에 초래한 변화로 인해 발생한 지구적 결과를 조사했던 경험, 즉 지구를 보호하는 오존층에 구멍이 난 현상과 세계적인 기후변화를 조사한 것이 자리잡고 있었다. 인류가 초래한 이러한 심대한 변화들에 대해서는 별다른 언급도 없이 지구의 현재 상태를 논의하는 동료들을 보면서, 크뤼천은 참을 수 없었을지도 모른다. 상대적으로 안정적이었던 홀로세 상황이 이제는 끝났음을 받아들여야 할 시점이 온 것이다.

물론 그런 자각을 하기 시작한 학자가 크뤼천 혼자만은 아니었다. 생태학자 유진 스토머(Eugene Stoermer)도 1980년대부터 그의 제자, 동료들과 함께 인류세라는 용어를 비공식적으로 사용해왔다. 크뤼천과 스토머 두 사람은 2000년 한 학회의 소식지에 간단한 기고문을 냈는데, 그러면서 인류세라는 용어가 공식적으로 처음 지면에 등장했다. 비록 〈뉴욕타임스〉의 필진인 앤드루 레브킨(Andrew Revkin)이 1992년 기후변화에 관한 책에서 '인간세(Anthrocene)'라는 말을 쓰기는 했지만 말이다. 크뤼천과 스토머는 인류세에 대한 첫번째 출판물에서 인류세를 화석연료 연소로 인한 이산화탄소 배출과 연결시켰고, 인류세가 18세기 말 산업혁명과 함께 시작했다고 보았다. 그리고 인류가 초래한 환경변화를 묘사하는 많은 초기 연구들을 기반으로 그러한 논지를 폈다. 이러한 초기 연구 결과들이 크뤼천의 제안과 결합하였고, 결국 지구 역사에서 인간의 등장을 '거대한 자연의 힘'으로 표시하자는 제안으로 수렴되기에 이른 것이다.

변화하는 역사

인간이 전례없는 방식으로 지구를 변화시키고 있다는 증거는 압도적으로 많다. 지구적 기후변화, 해양 산성화, 탄소나 질소 등 여러 원소의 지구적 순환주기 변화, 숲 혹은 여타 자연 서식지가 농장이나 도시로 변환되는 현상, 광범위한 오염, 방사능 낙진, 플라스틱 축적, 하천 경로 변형, 대규모의 생물 멸종, 인간이 세계 각지로 운반해 도입한 종 등이 전부 그런 증거들이다. 방금 제시한 증거들은 인간이 초래한 다양한 지구적 환경변화의 일부일 뿐이고, 아마도 암석에 지속적인 흔적을 남길 가능성이 크다. 이런 점이 바로 새로운 지질시대를 표시할 수 있는 근거가 된다.

이렇게 풍부한 증거들을 고려하면 인류세를 새로운 지질시대로 공식 인정해야 한다는 주장은 논란의 여지가 없어 보인다. 그러나 실상은 그 반대다. 인류세는 심지어 지구과학자들 사이에서도 매우 논쟁적이다. 한쪽에서는 비교적 짧은 새로운 시대를 공식적으로 인정하기에 충분한 과학적 근거가 과연 있는지에 대한 논란이 있으며, 다른 쪽에서는 인류세의 시작점과 증거로 제기된 것 자체에 대한 논란이 있다. 인류세의 시작점으로는 초기 인류가 불을 통제하기 시작한 시기, 농업이 시작된 1만 년 전, 방사능 낙진이 최고조에 달했던 1964년까지 다양하다. 그 시작점을 뒷받침하는 증거들도 빙하 코어에 보존된 기체 방울, 광범위하게 나타나는 검댕과 방사능 퇴적층, 세계 각지의 퇴적 코어에서 나타나는 재배종 옥수수 꽃가루 등 다양하다. 지금까지 언급한 것만 해도 무척 다양해 보이지만, 이는 사실 인류세 개념이 제기되면서 촉발된 논쟁의 표면을 살짝 긁어본 수준에 불과하다.

우리 시대를 '인간의 시대'로 명명하자는 제안은 아마도 지구과학 외부에서 훨씬 더 분열적인 반응을 불러온 것 같다. 철학, 고고학, 인류학, 지리학, 역사학, 공학, 생태학, 디자인, 법학, 예술, 정치학에 이르기까지 다양한 분야에서 인류세는 격렬한 논쟁과 지속적인 토론, 획기적인 새 연구에 불을 지폈다. 인류세에 대한 논쟁은 음료수 냉각기에서 대중음악에 이르기까지, 매스컴과 공공 영역에도 흘러들어갔다. 과연 인간의 시대가 자연의 종말을 의미하는가? 누구에게 인류세에 대한 책임이 있는가? 호모 사피엔스? 최초의 농경민? 산업 시대의 부유한 소비자들? 인류세는 필연적으로 환경 재난이나 인류의 종말과 같은 파국으로 이어질 것인가? 아니면 인간과 자연이 먼 미래까지 같이 번영할 수 있는 '좋은 인류세'가 가능할 것인가?

인류세를 둘러싼 많은 열띤 논쟁들을 볼 때, 인류세는 단순히 새로운 지질시대에 대한 명칭 문제를 넘어 무언가 더 중대한 문제와 얽혀 있음이 분명하다. 인류세가 중요한 이유는 인류세가 오래된 서사와 철학적 질문들을 다시 논의하고 다시 쓰도록 하는 렌즈 역할을 해주기 때문이다. 인류세는 인간과 자연을 연관시키는 새로운 서사이자 '두번째 코페르니쿠스 혁명'이라고 부를 수 있을 만큼 대담하고 새로운 과학적 패러다임이다. 인류세는 인간 존재의 의미에 대한 사고를 근본적으로 바꿀 수 있는 잠재력을 가지고 있다.

기원 이야기들

인간의 기원을 설명하고 세계 및 비인간 행위자들, 즉 동물과 식물로부터 시작해서 더 신비한 존재나 힘에 이르기까지 다양한 행위자와 인간이 맺는 관계를 설명하기 위해서 인간 사회는 언제나 서사를 이용해왔다. 고대 그리스인들에게 지구는 가이아 여신이었다. 가이아는 무(無)에서 나타나 모든 생명을 낳았고 아테나와 제우스를 비롯한 여러 신의 조상뻘

되는 존재를 낳기도 했다. 그리스인의 관점에 따르면, 신은 그리스 민족을 창조하기 전에 여러 번 다른 민족을 창조했다. 그렇지만 그 민족들은 결함이 있어서 신에 의해 제거되었고, 그 다음에 와서야 그리스 민족이 창조되었다. 또다른 기원 이야기에서 프로메테우스 신은 진흙으로 인간을 창조하고 신에게서 훔친 불을 인간에게 줌으로써 인간을 번성하게 했다. 이런 기원 이야기들이 전하고자 하는 메시지는 명확하다. 가이아로서의 지구는 자연의 모든 존재, 심지어 늘 전쟁을 벌이는 신들까지 창조하고 부양해준다. 고대 그리스 신화에서 인간은 주연이 아닌 조연이었고 존재하는 것 자체가 행운이었으며 프로메테우스가 선물로 불을 준 덕택에 번성했을 뿐이다. 다시 보게 되겠지만 가이아와 프로메테우스는 인류세의 기원 이야기에서 중요한 역할을 담당한다.

히브리인들의 창세기 첫번째 이야기에서 전지전능한 유일신은 우주, 지구, 인간을 차례대로 창조한다. 두번째 이야기에서는 남자가 먼저 창조되고 그다음 에덴동산에 해당하는 자연이, 그다음 여자가 창조된다. 그들의 삶은 '선악과나무'의 유혹에 넘어가기 전까지는 전혀 고되지 않았다. 두 사람이 유혹에 넘어가자 신은 진노하여 에덴동산에서 추방했고, 그 자손들은 생존을 위해 영원히 땅을 경작하게 되었다. 이 서사를 통해서 우리는 왜 인간이 신의 창조에서 특권적인 중심 역할을 부여받았음에도 불구하고 타락한 이후 열심히 땅을 경작하면서 살아가야만 했는지를 알 수 있다.

우주, 지구, 인간을 다른 모든 행위자와 그들이 마주해야 하는 힘에 연결시키는 서사를 통해서 기원 이야기는 우리에게 우리가 누구이며 어디에서 왔고, 지구에서 하는 역할은 무엇이며 여타 자연과 맺는 관계는 무엇인지에 대해서 알려준다. 마찬가지로 인류세 개념은 인간에 의해 변화된 행성의 이야기를 제시한다. 그러나 어떻게, 그리고 왜 인류가 지구를 변형시키는 존재가 되었을까? 인류세는 이에 대한 설명을 요구한다.

기원전 4004년 10월 23일

2004년 10월 23일 오후 6시, 런던지질학회 소속 과학자들은 과거 북아일랜드 남부 아마(Armagh)주의 대주교였던 제임스 어셔(James Ussher)를 위해 건배했다. 어셔에 따르면 기원전 4004년 10월 23일이 정확한 천지창조의 날짜이자 시점이었다. 1650년에 어셔가 했던 연대 추정을 적용하면 2004년 우주의 나이는 정확히 6008살이 된다. 지질시대 전문가들이 분명 재미 삼아 건배를 하기는 했겠지만, 그들이 그렇게 극적으로 한물간 우주의 연대기를 기념했다는 점은 시사하는 바가 있다. 어셔가 말했던 정확성은 오늘날의 관점에서는 웃음거리에 불과하지만, 그 의도는 매우 명확했다. 바로 자신이 하는 기원 이야기에 더 큰 확실성을 주고자 했던 것이다.

서구의 과학적 방법이 대두하기 전부터도, 검증된 증거를 조심스럽게 분석해서 지구와 인간 역사의 주요 사건들에 대한 연대기를 정확하게 쓰려는 시도가 있었다. 어셔는 자신만의 연대기적 서사를 만들기 위해 성경을 이용했다. 우주, 지구, 인간의 기원, 그리고 서구 사회의 역사를 연결하는 정확한 연대기(야곱이 요셉을 낳았다는 식)를 만들기 위해 세대의 역사나 (예루살렘 성전 파괴와 같이) 발생 시점이 기록된 사건을 열심히 수집하고 창조적으로 계산을 했다. 마야와 힌두 사회 등 여러 다른 사회들도 천문을 세심히 관찰하면서 우주의 형성과 인간의 역사를 연결시키는 자세한 연대기를 만들어냈다. 서구 과학이 대두하기 훨씬 전부터 자세한 연대기 작성이라는 특수한 전문분야에 이렇게 광범위한 투자가 이루어졌다는 사실을 떠올려보면, 연대기를 만들고 유지하는 기관이나 학자들이 자세한 연대기를 통해 권위를 확보할 수 있었으며 바로 그 지점에서 연대기의 사회적 유용성이 있었음을 확실히 알 수 있다.

현대의 과학자들은 점점 더 자세해지고 개정되는 단일한 연대기에 우주, 지구, 생명, 인간 역사를 연결지으면서, 가장 정교하고 정확하며 체계적이고 검증 가능한 기원 이야기를 발전시켜왔다. 그러나 지금도 많은 전통적, 종교적, 심지어 세속적 공동체들이 때로는 상당한 사회적 압력에 직면함에도 불구하고, 과학적 증거와 극명하게 대조되는 자신만의 기원 이야기를 고수하고 있다. 예컨대 어떤 사람들은 여전히 어셔의 '젊은 지구' 연대기를 계속 믿고 있다.

이러한 거부 반응이 나타나는 이유는 명백하다. 현대 과학의 기원 이야기가 인간, 지구, 우주의 역할과 관계를 재정의함으로써, 세계 여러 사회에서 가장 뿌리 깊게 지탱되어 오던 믿음에 도전장을 내밀고 있기 때문이다. 현대 과학 세계에서 전지전능한 신이나 신화적인 힘이 하는 역할은 없다. 우주에서도 인간이 별다른 중심적인 역할을 하지 않는다. 그런데 인류세는 그보다 더 나아간다. 인류세는 종래의 믿음뿐 아니라 현대 과학의 고전적 기원 이야기까지 수정하려고 한다. 인류세에서 인간은 지구라는 행성을 형성하는 존재이며 지구 안에서 중심적인 역할을 다시금 부여받는다.

첫번째 코페르니쿠스 혁명

1539년 6월 4일, 마르틴 루터는 제자들과 함께 "하늘, 태양, 달이 아니라 지구가 움직인다는 것을 증명하려는 한 풋내기

점성술사"에 대해서 토론했다. 루터가 말한 점성술사는 천문학자인 니콜라우스 코페르니쿠스(Nicolaus Copernicus)였다. 코페르니쿠스의 태양중심설은 궁극적으로 지구를 우주의 중심에서 쫓아냈다.

수천 년 동안, 서구 세계에서 유일하게 인정되는 기원 이야기는 지구를 중심으로 하였으며 그 시작은 기독교 신에 의한 천지창조였다. 기독교의 기원 이야기가 내세우는 문자 그대로의 진리는 지구 중심적 관점에 의존한다. 따라서 지구와 인간을 우주의 중심에서 쫓아내려는 시도에 대해서는 당연히 저항이 있었다. 한 세기도 더 지나 티코 브라헤, 요하네스 케플러, 갈릴레오 갈릴레이, 그리고 궁극적으로는 아이작 뉴턴의 연구에 의해 코페르니쿠스 혁명이 계승되었다. 시간이 걸리기는 했지만 코페르니쿠스 혁명이 계승되었다는 점이 중요하다. 17세기 말에 이르면 적어도 서구 과학계의 지식인 사이에서는 지구가 더는 우주의 중심이 아니었다. 그리고 지구와 우주에 대한 새로운 기원 이야기가 필요하다는 점이 명백해졌다.

시간의 층위

어셔 주교가 자신의 연대기를 발표한 이후 한 세기 정도 지난 다음에도, 아이작 뉴턴 같은 학자들조차 여전히 지구의 나이가 6000년을 넘지는 않으리라고 믿었다. 이런 믿음에 대한 최초의 반론은 프랑스 박물학자인 조르주 루이 르클레르 뷔퐁 백작(Georges-Louis Leclerc, Comte de Buffon, 1707~88)에게서 나왔다. 18세기 말, 뷔퐁은 지구의 나이가 약 7만 4000년 정도로 추정된다고 발표했다. 그의 추정치는 곧바로 조롱의 대상이 되었으며, 사회적 압박으로 인해 철회되고 말았다. 그렇지만 뷔퐁은 지구의 나이가 훨씬 더 많으며, 실제로는 수백만 년에 달할지도 모른다고 믿었다.

노출된 암석과 퇴적층에서 보이는 독특한 줄무늬 혹은 생물 화석이 밑에서부터 하나씩 겹겹이 쌓여 하나의 수평적인 층들의 체계, 즉 층서로 조직될 수도 있다는 사실을 발견하게 되면서 지질시대 사이의 간격을 측정하는 과학적 근거가 마련되었다. 19세기 초반에는 지질학자들이 층서학이라는 학문을 정립하기에 이른다. 찰스 라이엘(Charles Lyell)은 1838년 『지질학 원론』을 출간했는데, 이 책에서 라이엘은 다른 학자들이 발견한 주요 층서들을 연속적인 시대로 조직하여 제시하였고, 이 층서에 지속적이고 점진적인 변화의 원리를 적용함으로써 각 시대가 얼마나 오래 지속됐는지를 추정할 수 있게 하였다. 라이엘은 1867년 이러한 원리를 종합하여 최초로 과학적 근거를 토대로 지구의 나이를 2억 4000만 년이라고 추정하였다. 켈빈 경(Lord Kelvin)을 비롯한 라이엘의 동시대인들도 유사한 추정치를 계산해냈고, 그렇게 해서 지구가 젊다는 관점이 허물어지기 시작했다. 이로써 우주, 지구, 인간에 대한 완전히 새로운 기원 이야기를 구성할 수 있는 길이 생겼다.

털 없는 유인원

지질학자들이 우주의 시간 질서 안에서 지구가 차지하는 위치를 수정하고 있었던 것처럼, 생물학자들도 생명과 인간의 기원에 대해서 이전과는 다르게 생각하고 있었다. 생물학적 설명에서 관건은 시간이었다. 즉, 오랜 시간이라는 요인이 있어야 적절한 설명이 가능했다.

찰스 다윈(Charles Darwin)은 지질학, 특히 라이엘의 연구를 열렬히 추종했다. 라이엘은 다윈이 비글호를 타고 항해를 하고 온 뒤, 다윈의 멘토가 되어주기도 했다. 다윈은 런던 지질학회의 초청을 받아 자신의 연구를 발표했으며, 이내 그 학회의 위원으로 선출되기도 했다. 그런데 다윈이 가장 관심을 가졌던 것은 왜 "하나의 종이 다른 종으로 변화하는가"였다. 다윈은 1837년 종이 변화하는 과정을 하나의 가계도에서 가지치기가 되는 형태로 그려냈다. 그러나 거의 20년이 지난

1859년에, 자신보다 먼저 알프레드 러셀 월리스(Alfred Russel Wallace)가 비슷한 연구 결과를 발표할 것이라는 소식을 들은 후에야, 자연선택에 의한 진화론을 처음으로 출간했다.

중요한 역사적 발견 중 하나를 출간하기까지 그렇게 오래 기다렸다는 점이 이상하게 보일지도 모르겠다. 그러나 다윈에게는 그럴 만한 이유가 있었다. 다윈은 신실한 종교인이었기에 자신의 이론 때문에 큰 논쟁이 벌어지리라는 것을 어렵지 않게 짐작할 수 있었다. 여러 생물종이 오랜 시간에 걸친 진화를 통해 나타났으며 이 과정에서 신의 개입이 불필요하다고 주장하면, 이는 분명 창세기의 기원 이야기와 조화롭게 양립하기 어려웠을 것이다. 그래서 다윈은 여러 해 동안 연구하면서 자신의 이론을 강화해나갔다.

자연선택에 의한 진화론을 확증하기 위해서 다윈은 세 가지가 필요했다. 우선 종이 영원히 존재하는 것은 아니며, 새로운 종이 기존의 종 다음에 나타난다는 증거가 필요했다. 지질학의 화석 증거가 이를 뒷받침해주었다. 두번째로, 생물종을 새로운 형태로 변형시키는 압력과 과정을 설명할 수 있어야 했다. 자원이 인구 증가 제한에 미치는 영향력을 설명한 토머스 맬서스(Thomas Malthus)의 이론이 바로 그 압력을 설명해 주었다. 한정된 자원을 둘러싼 경쟁에서 모든 개체가 살아남을 수는 없다는 것이 맬서스 이론의 핵심이다. 한편 동식물 교배 과정에 관한 연구를 통해 다윈은 선택적 압력 기제가 하나의 종 안에 매우 다양한 아종, 품종, 변이종을 생성한다는 사실도 입증했다. 다음으로 다윈에게 가장 중요한 요인인 시간이 필요했다.

수억 년 정도의 거대한 지질학적 시간을 도입하지 않으면, 자연선택 기제만으로는 지구상에 이렇게 무수히 많은 종이 어떻게 출현했는지를 제대로 설명할 도리가 없었다. 다행스럽게도 지질학자들은 지구의 나이가 수억 년에 이르며, 나중에는 수십억 년에 이른다고 추정했다. 그래서 다윈 이론에 대한 수용은 탄력을 받았다. 1871년 발행된 『인간의 유래』에서 다윈은 한 걸음 더 나아가 진화론의 초점을 인간의 기원 이야기에 맞추었다. 인간의 기원은 다른 동물의 기원과 다르지 않다. 우리들의 이야기는 '털 없는 유인원'에 대한 이야기이며, 털 없는 유인원은 지질시대의 오랜 세월을 거쳐 다른 유인원으로부터 유래했다. 자연선택에 의한 진화라는 다윈의 이론을 통해서 새로운 기원 이야기가 탄생했다. 이 이야기 속에서 인간을 포함한 모든 생물은 보편적인 '생명의 나무' 안에서 하나의 공통 조상으로부터 내려오는 존재로 상정되었다.

그리고 얼마 후, 과학계 안에서는 지질학적 시간 개념이 성경의 시간 개념을 대체하였으며, 자연선택에 의한 진화가 창세기의 기원 이야기를 뒤집어놓았다. 새롭고 비종교적인 기원 이야기는 지구, 생명, 인간을 연결시켰다. 런던지질학회 회장이었던 토머스 헉슬리(Thomas H. Huxley)는 1869년 "생물학이 지질학으로부터 시간을 얻어갔다"라고 말했다. 창세기의 이야기와는 달리 이 새로운 기원 이야기 안에서 인간은 딱히 특별한 역할을 부여받지는 않았다. 변화하고 있는 행성인 지구 속에서 인간은 다른 동물과 마찬가지로 특별한 방향성 없이 진화해가는 하나의 종에 불과했다.

대단치 않은 역할

다윈 이후로 천문학이 급속도로 발전하면서 우주의 역사 안에서 인간이 차지하는 위치는 다시 바뀌었다. 우주는 '빅뱅'으로 불리는 거대한 폭발과 함께 138억 년 전에 기원했다. 그로부터 수십억 년이 흐르고 먼지와 기체가 응집되면서 지구의 형태가 갖춰졌고, 점차 표면이 굳어지면서 지금으로부터 45억 년 전 지구는 온전한 하나의 행성이 되었다. 태양이 전형적으로 노랗고 자그마한 항성이라면, 지구는 태양 주위를 불규칙한 궤도로 공전하는 여덟 개의 행성 가운데 하나다. 지구는 항성 1000억 개가 넘는 은하계의 나선팔 안에 속해 있으며, 우리가 속한 은하계는 1000억 개가 넘는 수많은 은하계 중 하나일 뿐이다. 지속적으로 팽창하는 우주 안에는 약 10해

(垓) 개가 넘는 항성들이 있다.

최초의 생명체는 아마도 38억 년 전에 박테리아로 나타났을 것이며, 약 20억 년 전 핵을 갖춘 더 복잡한 단세포생물, 즉 진핵생물(eukaryote)로 진화했을 것이다. 최초의 다세포생물은 10억 년 이전에 진화했으며 최초의 단순 동물은 8억 년 전에 나타났다. 생물은 4억 8000만 년 전 서식지를 육지로 확장하기 시작했고 엄청나게 다양한 형태로 진화했다. 그렇지만 수억 년에서 수천만 년 사이에 있었던 다섯 번의 대멸종 시기 동안 대부분의 생물종은 날지 못하는 공룡들처럼 완전히 멸종했다. 포유류는 2억 년 전에 처음 나타났고 최초의 영장류도 (6500만 년 전에) 등장했다. 그다음 우리의 직계 조상의 첫 번째 종인 호모(Homo) 속(屬)은 280만 년 전에 나타났다. 이 초기 인류인 호미닌(Hominin)들이 처음으로 석기를 만들고 불을 통제했으며, 아프리카 대륙에서 나와 유라시아를 거쳐 대규모로 이주했다. 정확히 말하면 우리 인간이 아니라 호미닌들이 그런 일을 한 것이다.

고작 30만 년 전에 이르러서야 호모 사피엔스는 도구를 제작하고 불을 다루는 다른 호미닌들 사이에서 출현했다. 해부조직이 약간 덜 견고하고 두개골 크기가 작으며 그 모양이 살짝 다르다는 점을 제외하고는 그로부터 20만 년 동안 인류와 다른 호미닌들이 뚜렷하게 구별되지는 않았다. 호모 사피엔

1년 중의 시점	~년 전	사건
1월 1일	13,800,000,000	빅뱅
5월 1일	8,500,000,000	은하계
9월 2일	4,600,000,000	태양계
9월 6일	4,400,000,000	최초의 암석
9월 21일	3,800,000,000	생물(핵 없는 단세포생물)
10월 9일	3,400,000,000	광합성(시아노박테리아)
10월 29일	2,400,000,000	대기 중 산소 급증
11월 15일	2,000,000,000	진핵생물(핵이 있는 최초의 세포)
12월 5일	800,000,000	최초의 다세포 유기체
12월 20일	450,000,000	육지 식물
12월 23일	300,000,000	파충류
12월 25일	230,000,000	공룡
12월 26일	200,000,000	포유류
12월 27일	150,000,000	조류
12월 28일	130,000,000	꽃
12월 30일	65,000,000	백악기-팔레오기 경계: 날지 못하는 공룡 멸종, 최초의 영장류
12월 31일 14:24	12,300,000	호미니드
22:24	2,500,000	호모 속(屬), 석기
23:44	400,000	불의 통제
23:48	300,000	호모 사피엔스(해부학적 현생 인류)
23:55	100,000~60,000	상징적 표시, 장거리 교역, 더 복잡한 도구 및 주거지 등 '현대적' 인간활동
23:59:32	12,000	농업, 홀로세
23:59:48	5000	청동기, 이집트 최초의 왕국
23:59:49	4500	알파벳, 바퀴
23:59:53	3000	철기
23:59:55	2000	로마 제국, 기독교 역사, 0의 발명
23:59:59	500	신대륙과 구대륙의 충돌

1. 우주력. 칼 세이건에 의해 유명해진 우주력은 우주, 지구, 생명, 인간의 역사를 1년의 시간 흐름에 맞추어 제시한다. 예를 들어 호미니드는 한 해의 마지막 날 오후 2시 24분에 나타났다(표에서 '~년 전'은 현재 시점을 기준으로 함).

스가 독특한 방식의 삶을 영위하면서 지구 전체로 퍼져나가고, 심지어 지구를 떠날 수도 있는 날이 다가오고는 있지만, 이 모든 것은 우주력(그림 1)에서 단 몇 초만을 차지한 사건일 것이다. 지구는 엄청나게 거대한 우주 안의 평범한 은하계 안의 평범한 항성을 공전하는, 평범한 행성이다. 그러한 지구에서 인간은 다른 수백만 생물종과 함께 살아온 호모 속의 한 종에 불과할 뿐이었다.

변화하는 지구

자연과학자 대다수가 보기에 인간은 오랫동안 조연에 불과했다. 무대를 차지한 주인공은 물리학에서 화학을 거쳐 생물학에 이르기까지 자연계, 그리고 자연의 과정이었다. 이런 '자연의 거대한 힘', 그리고 자연이 끊임없이 이어온 수십억 년의 역사와 비교해볼 때, 우리 인간은 단지 한 종류의 동물에 불과하며 그것도 상당히 최근에 와서야 나타난 동물이다. 그러나 다윈이 활동하던 시기의 과학 사상가들 사이에서는 또다른 종류의 관점이 나타났는데, 인간은 단순히 또하나의 영장류에 그치는 존재가 아니며, 지구상의 다른 존재들과는 달리 매우 파괴적인 힘을 가지고 있다는 것이다.

그런 견해를 지지하는 대표적인 사람으로 조지 퍼킨스 마쉬(George Perkins Marsh)가 있었다. 그의 책 『인간과 자연』(1864년 발간, 1874년 『인간 행동에 의해 변형된 지구』로 재발간)은 인간과 자연의 관계에 관한 또다른 이야기를 전개한다. 고대 지중해 지역의 인간 사회들은 숲을 개간하여 농토로 변환해 경작하였고, 그에 따라 대규모 지역에 걸쳐 식생, 토지, 심지어는 기후를 극적으로 변화시켰으며, "지표면을 거의 완벽하게 달의 표면처럼 황량하게" 만들었다. 인간은 지구를 나쁜 방향으로 영속적으로 변화시킬 수 있는 파괴력을 지니게 되었다. 지질학자 안토니오 스토파니(Antonio Stoppani)는 여기서 더 나아가, 인간이 만든 변화에 근거한 새로운 시대를 정의하고 '인류대(Anthropozoic Era)'라는 이름을 붙였다.

산업 시대가 전개되면서 지구의 자원에 대한 수요는 계속해서 증대했다. 화석연료 사용으로 인한 추동력, 그리고 지구적 교역망의 연결 덕택에 인간활동의 규모, 강도, 범위는 극적으로 커졌다. 숲 개간, 토지 경작, 광석 채굴, 도시 건설, 산업생산은 점차 물, 공기, 토지 오염을 불러왔다. 또한 자연 공간이 번잡한 인공 경관으로 광범위하게 전환되면서, 비인간 생명체의 거주 공간은 점점 더 협소해졌다. 그렇지만 인간이 지구를 바꿀 수 있을 정도의 힘을 소유하게 되었다는 새로운 증거는 갑작스럽게 나타났다.

자연의 종말

1895년 스반테 아레니우스(Svante Arrhenius)는 존 틴들(John Tyndall)의 연구를 발전시키면서 지구 대기 속의 이산화탄소와 수증기가 열에너지를 가두어서 '온실 효과'를 발생시킨다는 점을 증명했다. 또한 온실 효과로 인해 지구의 표면이 따뜻해져 물이 액체 상태로 유지될 수 있다고 말했다. 이미 잘 알려져 있다시피, 온실 효과는 지구 생명체가 생존하기 위한 필수 전제조건이다. 또한 아레니우스는 대기 속 이산화탄소나 여타 '온실가스'가 시간에 따라 어떻게 변화해왔는지를 추적하면 빙하기와 같은 지구 온도의 장기적 변화 추세를 설명할 수 있다고 지적하였다. 석탄을 계속 연소시키면 우리 행성의 '온실 온난화'가 더 진행될 것인데, 아레니우스는 적어도 자기 조국인 스웨덴처럼 추운 지역의 입장에서는 그런 온난화가 긍정적일 수도 있다고 생각했다.

아레니우스가 활동했던 시기로부터 반세기 지난 다음, 화석연료로부터 나온 이산화탄소가 실제로 지구의 대기를 채우고 있으며, 그로 인해 기온이 상승하고 있다는 증거가 나왔다. 1965년 과학자들이 미국 린든 존슨 대통령에게 제출한 보고서에는 인류가 초래한 지구적 온난화의 위험성에 대한 경고가 담겨 있었다. 증거는 쌓여갔으며 예측은 명백해졌다. 당시의 기온 상승 경향이 그대로 지속될 경우 지구는 극적으로 더 뜨거워지고, 수십 년 이내에 인간 사회와 자연계에 엄청난 결과를 초래할 것으로 예상되었다. 해수면 상승은 도시를 위협하고 기후변화는 농업생산을 교란하는 동시에 전 세계의 자연 서식지를 소멸시킬 것처럼 보였다. 과학자들의 메시지는 명확했다. 인간의 활동이 지구를 잠재적으로 파국적인 방향으로 새롭게 몰고 가고 있다는 것이었다. 그래서 과학자들은 행동을 촉구했다.

1988년, 인간이 초래한 지구적 온난화의 위험을 가늠해보기 위한 새로운 과학 조직으로 기후변화에 관한 정부 간 협의체(Intergovernmental Panel on Climate Change, 이하 IPCC)가 창립되었다. 그 밖에도 활동가, 조직, 지식인을 아우르는 광범위한 공동체가 인간이 초래한 여러 형태의 환경적 해악을 시정하기 위해 한 세기 넘게 노력해왔다. 생명체가 기본적으로 필요로 하는 환경을 인간이 바꾸고 있다는 증거가 계속 나오자, 이제는 적극적인 실천이 필요하다는 목소리가 커졌다. 인간이 초래한 지구적 온난화는 모든 것을 바꾸고 있었다. 한쪽에서는 이제 인간과 자연의 이야기를 다시 쓸 시점이라는 목소리가 들려왔다.

1989년 기자 출신인 빌 맥키번(Bill McKibben)이 기후변화를 다룬 최초의 대중서 『자연의 종말』을 출간했다. 맥키번에 따르면, 인간의 자연환경 파괴는 정점에 달했다. 현대사회는 이미 과거 그 어느 때보다 더욱 광범위하게 세계를 변화시키고 길들이며 통제하고 있다. 그에 따라 물, 토양, 공기, 나아가 생명의 본질 자체가 오염되고 질은 낮아졌다. 기후 체계를 변화시킴으로써 인간은 마지막 단계에 들어선 셈이다. 인간이 지구적 규모로 기후를 변화시킨 결과로, 이제 인간의 손이 닿지 않은 자연은 사라져버렸다.

새로운 장(章)

인간이 초래한 기후변화를 '자연의 종말'로 해석하는 것은 너무 과할지도 모른다. 어떻게 자연의 산물에 불과한 인간, 즉 털 없는 유인원이 자연 자체를 끝장낼 수 있는 능력을 보유하게 되었단 말인가? 만약 정말로 자연의 종말이 온다면 우리에게 남은 것은 무엇인가? 그렇지만 과학적 증거가 가리키는 바는 명확하다. 인간은 분명 지구를 전례없는 방식으로 바꾸고 있다. 인간이 주도적인 역할을 하면서, 지구 역사의 새로운 장이 펼쳐지고 있다는 점을 인정해야 하는 충분한 근거들이 있다.

이것이 바로 인류세가 그처럼 많은 관심을 받은 이유다. 인간이 지구를 변화시킬 수 있는 존재라는 점을 인정하면, 코페르니쿠스 시대 이래로 발전되어 오던 인간과 자연에 대한 과학적 서사를 수정해야 한다. 그리고 지구, 생명, 인간의 역사를 다시 쓰려고 시도하면, 언제나처럼 논쟁이 뒤따르기 마련이다. 비록 지질학자들이 지구 역사의 '시간 기록원'으로서 두 세기 넘게 계속 봉사하고 있기는 하지만, 인류세에 대한 과학적 서사는 이제 새로운 지평을 열고 있다. 지구 역사의 새로운 시대를 가져온 존재로 인간을 위치시키기 위해서는 새로운 유형의 질문과 새로운 형태의 증거가 필요하다.

인간 이외에는 그 어떤 종도 자신만의 지질시대를 만들지 못했다. 왜 수많은 생물종 가운데 인간만이 지구 전체를 변화시킬 수 있는 능력을 갖추게 되었는가? 이 능력은 언제 어떤 기제를 통해서 나타났는가? 모든 인간이 이 변화에서 동등한 정도의 역할을 담당했는가? 이러한 질문들에 답하기 위해서는 어떤 증거들이 필요한가? 더 폭넓은 차원에서, 인간이 모든 것을 바꿀 수 있는, 심지어 지구 전체의 미래까지 바꿀 수 있는 지구적 힘의 일부라는 점을 고려한다면, 과연 인간다움이라는 것의 의미는 무엇인가? 인간의 시대에 자연의 의미는 도대체 무엇인가?

위의 질문들에 대답하려면 우선 지구 시스템의 과정에 대한 기본적인 이해가 필요하며, 인류세라는 개념을 만드는 데 영감을 주었던 여러 변화들, 즉 인간이 지구 시스템 과정에 초래한 변화들에 대한 기본적인 이해도 필요하다. 나아가 우리가 이런 변화의 시대를 가늠하고 지구 역사의 공식 달력에 그 변화를 위치시키고자 한다면, 지질시대를 다루는 도구와 절차, 틀에 대한 이해도 필수적이다. 이런 기본적 이해를 바탕으로, 1950년대의 핵실험에서 출발하여 농업의 시작과 또 종으로서의 인류의 기원, 심지어 그 이전 시기까지 거슬러오르면서 인류세의 시작점을 검토할 것이다. 그다음 인류세가 어떻게 다양한 방식으로 과학을 재구성하고 인문학을 자극하며, 인간에 의해 변화된 행성 위에서 생명의 정치를 전면에 내세우는지 탐구할 것이다.

제 2 장

지구 시스템

2007년 출간되어 현재는 인류세 연구의 고전이 된 논문에서 윌 스테판(Will Steffen), 역사학자 존 맥닐(John McNeill), 그리고 파울 크뤼천은 다음과 같은 질문을 던졌다. "인간은 자연의 거대한 힘마저 압도하고 있는가?" 물론 그것은 수사학적 질문이었다. 논문의 저자들이 그 질문에 답한다면, 분명히 '그렇다'였을 것이다.

누군가는 그런 주장을 너무 거창하다거나 심지어 이단적이라고 치부할 수도 있다. 그러나 스테판, 크뤼천, 그리고 여타의 지구 시스템 과학자들에게 있어 그 주장은 수십 년 동안 주요한 연구 주제가 되어왔다. 지구 시스템 과학자들이 보기에 '자연의 거대한 힘'은 신과 같은 힘을 말하는 것이 아니라, 복잡하고 역동적인 시스템으로서의 지구의 작동을 떠받치는 과정들이었다.

지구를 시스템으로 이해하는 데 초점을 맞춘 과학자들 사이에서 인류세 개념이 최초로 생겨난 데는 충분한 이유가 있다. 인간이 지구 시스템의 작동을 변화시켜왔다는 점을 확증하기 위해서는 이런 변화 뒤에 있는 인과적 기제들을 증명해야만 하기 때문이다. 지구의 근본적인 구성요소, 그 요소들 사이의 상호작용, 그리고 가장 중요하게는 지구 시스템을 안정적으로 유지하거나 변화시키는 과정을 이해하지 못하면, 다시 말해 시스템으로서의 지구에 대해서 탄탄히 이해하지 못하면, 지구 시스템의 변화 원인을 제대로 규명할 수 없다.

권역(sphere)과 순환

지구 시스템 과학으로 가는 첫걸음은 지질학자인 에두아르트 쥐스(Eduard Suess)가 내디뎠다. 쥐스는 1875년에 출간한 유명한 교과서 『지구의 얼굴』에서 암석권, 수권, 생물권이라는 용어를 도입했다. 블라디미르 베르나츠키(Vladimir Vernadsky)는 1926년에 쥐스의 용어를 기반으로 저서 『생물권』에서 지구에 대한 최초의 현대 과학적 모델을 개발했다(그림 2). 베르나츠키의 모델에서 지구는 여러 '권역'들이 역동적

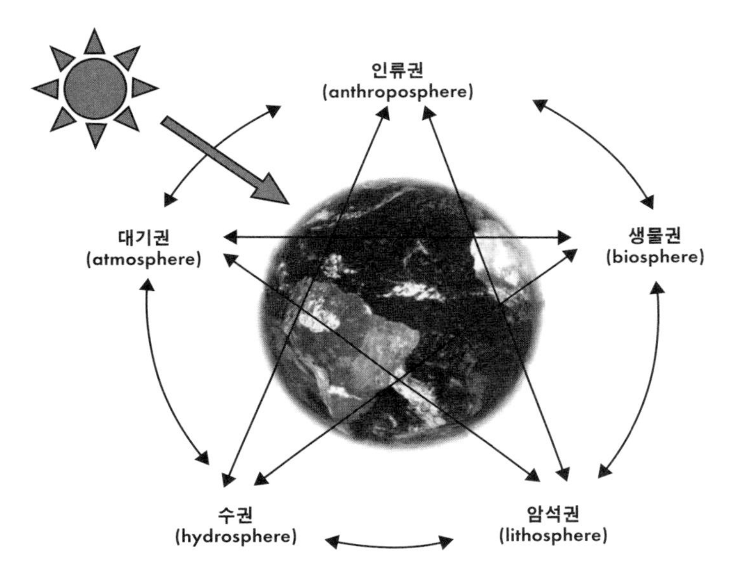

2. 지구 시스템의 권역들. 인간의 활동이 상호작용하여 지구적 효과를 가져온다는 점을 나타내는 '인류권'도 포함되어 있다.

으로 상호작용하는 복잡한 체계다.

베르나츠키는 지구의 작동을 여러 권역 사이의 에너지 및 물질교환에 기반하여 특징화했는데, 이때 상호작용하는 전체 체계의 동력은 태양으로부터 오는 에너지로 상정되었다. 권역 중에서 생물권은 상호작용의 중심적 역할을 담당했다. 생물권은 지구의 대기권, 수권, 암석권 사이의 에너지 및 물질교환을 조절하고 향상시키는 얇은 녹색 '봉투'와 같은 역할을 했다. 태양에서 에너지를 흡수하고 공기에서 이산화탄소를 흡수하는 광합성 유기체는 권역들 사이 탄소 혹은 여타 원소의 지구적 순환을 바꿀 수 있는 능력을 획득했다. 또한 대기 중 이산화탄소를 비롯한 여러 온실가스 농도를 조절함으로써, 생물권은 지구의 기후 시스템의 역학을 영구적으로 전환시켰다. 생물권이 출현하여 지구 시스템의 작동을 바꿔놓았다는 것을 처음으로 제기한 학자가 베르나츠키라는 점이 현재로서는 인정되고 있지만, 당시에는 그의 연구가 소련 밖으로 널리 퍼지지는 않았다.

다시 태어난 가이아

1960년대 중반 칼 세이건(Carl Sagan)과 몇몇 천체물리학자들은 한 가지 문제와 씨름하고 있었다. 과거 40억 년 동안 지구의 기후는 놀랄 만큼 안정적이었다고 알려져 있었다. 그런데 같은 기간 동안 태양에너지 산출량은 30% 증가했다. 지구는 처음부터 대기권에 이산화탄소가 많이 농축되어 있어 따뜻했기 때문에, 물을 액체 상태로 유지하고 여러 생명체를 지탱하기 위한 조건들을 충족시킬 수 있었다. 그렇다면 태양에너지가 증대했는데도 왜 지구는 극적으로 뜨거워지지 않았을까? 어떤 조절 기제가 없었더라면, 태양이 뜨거워짐에 따라 지구도 생명체를 지탱하기 어려울 정도로 너무 뜨거워졌을 것이다.

1970년대 초에 이르면 제임스 러브록(James Lovelock)과 린 마굴리스(Lynn Margulis)가 그 해답을 찾아냈다. 살아 있는 유기체는 집합적인 생물권으로 작동하면서, 지구의 기후를 조절하고 생명 지탱에 필요한 조건들을 스스로 충족하고 있었다. 다시 말하면 생명이 스스로 생명을 낳은 것이다. 이렇게 지구 시스템 과학의 등장을 촉발시킨 획기적인 가설과 함께 대지의 여신인 가이아가 다시 태어났다.

가이아 가설에 따르면, 생물권은 마치 온도 조절 장치처럼 작동하면서 지구의 기후를 조절한다. 지구가 뜨거워지면 생물권은 냉각 효과를 만들어내며 반응한다. 예를 들어 유기체는 대기로부터 온실가스를 더 섭취하고 미세입자, 즉 에어로졸을 방출한다. 이 과정을 통해 유기체는 태양에너지를 반사하는 구름 형성에 일조한다. 반면 지구가 차가워지면 생물권은 다시 정반대의 효과를 만들어내기 시작한다. 이번에는 온실가스를 증가시키고 대기 중의 에어로졸을 감소시켜 온난 효과를 만들어내면서 냉각 효과를 상쇄하는 것이다. 이런 식의 '억제 피드백(negative feedback)' 체계를 통해서 생물권은 지구의 온도를 안정시킬 수 있었고, 지구에 외재적인 과정인 태양에너지 증가로 인한 온실 효과를 상쇄할 수 있었다. '억제 피드백' 체계가 잘 작동한다면 화산활동으로 인한 온실가스 방출이나 에어로졸 방출과 같이 지구 시스템에 내재적인 과정 때문에 생긴 온실 효과나 냉각 효과에 대해서도 균형을 잡을 수가 있었다.

지구 시스템에는 '억제 피드백'뿐 아니라 '강화 피드백(positive feedback)'도 많다. 태양이 북극의 얼음을 녹일 때 지구 전반에 걸쳐 있는 얼음, 즉 '빙권'이 조절 시스템 역할을 하는 현상을 하나의 예로 들 수 있다. 태양에 노출된 바닷물은 태양에너지를 매우 잘 흡수하고, 바다 위에 떠 있는 얼음은 태양에너지를 대부분 반사한다. 태양이 북극의 얼음을 녹이면 태양에너지를 잘 흡수하는 바닷물이 더 많이 노출되고, 그에 따라 열 흡수를 더 많이 할 수 있게 된다. 결과적으로 얼음이 많이 녹을수록 온난화는 더 많이 진행된다. 해양의 얼음이 녹는 현상은 이런 방식의 '강화 피드백' 순환을 잘 보여준다. 여기서 온난화는 더 큰 온난화로 이어지고, 태양이 북극의 얼음을 녹이는 현상은 가속화된다. 이런 강화 피드백이 계속되면 언젠가 다시는 돌이킬 수 없는 지점인 '티핑 포인트(tipping point)' 혹은 '체제 이동(regime shift)'에 다다를 수도 있다. 티핑 포인트 이후에는 모든 얼음이 녹을 때까지 북극의 해빙이 계속된다.

장기간에 걸쳐 태양에너지가 극적으로 증가해왔기 때문에, 지구 시스템이 태양의 온실 효과에 대해 적절하게 반응하지 않았다면 생명체는 존재하지 못했을 것이다. 생명체 지탱을 위해 몇몇 종류의 조절 작용은 필수적이었다. 지구가 장기간에 걸쳐 보여준 놀라운 안정성, 그리고 생명을 지탱해준 능력을 이해하기 위해서는 지구가 강화 피드백과 억제 피드백이 상호작용하는 복잡한 체계의 산물이며, 그런 상호작용이 여러 권역 사이에서 물질과 에너지 흐름을 형성한다는 점을 이해해야 한다.

러브록의 가이아 가설은 그의 유명한 책으로 이어졌고, 결국 지구상의 생명을 전적으로 새롭게 사고하는 방식이 탄생했다. 가이아 가설도 처음에는 완전하지 않아서, 초기에는 장기적 기후 조절 현상을 다룰 때 생물권 기제를 중심으로 설명했지만, 이제는 대체로 지구화학적 기제를 중심으로 설명한다. 이런 변화에도 불구하고 가이아 가설은 학계에 장기적으로 큰 공헌을 했다. 각 권역 사이의 피드백 상호작용을 통해

안정화되는 시스템, 즉 복잡하고 역동적인 시스템으로 지구를 묘사할 수 있도록 가이아 가설이 근본적인 틀을 제공해주었기 때문이다. 태양으로 인한 온실 효과에도 불구하고 기후가 안정된 현상과 여러 가지 자기 조절적 현상에 대해서도 가이아 가설 덕분에 복합적인 시스템 수준의 과정으로 이해하게 되었다. 그리고 그런 과정이 지구의 구성 체계들 사이의 상호작용으로부터 나온다는 점도 이해하게 되었다. 즉, 전체 시스템은 부분들의 단순한 합보다는 큰 것이다. 가이아 가설은 지구의 장기적 역학을 이해하기 위해 역동적인 생물권 개념을 포함한 시스템적 접근을 도입하였고, 권역들 사이의 역동적 상호작용을 포괄하기 위해 계산 모델의 필요성을 제기했다. 그렇게 러브록과 마굴리스의 가이아 가설은 지구 시스템 과학의 기초를 마련했다.

대기 중 산소 급증

지구가 작동하는 데 있어 생물권이 하는 역할을 살펴보면, 자연의 거대한 힘이 어떤 것인지 알 수 있다. 18세기 말 제임스 허튼(James Hutton)의 연구 이후로, 과학자들은 오랫동안 지구를 역동적인 행성으로 간주해왔다. 그러나 생물권에 의해 지구가 변화한다는 사실은 이 행성이 역동적이라는 명제에 완전히 새로운 의미를 부여했다. 생명이 스스로 생명을 낳았을 뿐 아니라 생명체가 지구 대기 중의 산소를 생산하기도 했기 때문이다.

생명체는 지구가 식어서 행성으로 굳어진 후 약 10억 년이 흐른 다음에야 비로소 단세포 생물로 바다에 출현했다. 금성이나 화성처럼 당시 지구의 대기도 대부분 이산화탄소로 이루어져 있었다. 대기 중에 산소가 없었기 때문에 산소로부터 파생되는 오존층도 없었고, 생명을 파괴할 정도로 방출되는 태양의 자외선을 흡수할 수도 없었기에 생명의 출현은 억제되고 있었다.

태양을 이용해서 생존하는 능력을 갖춘 생명체가 출현하여 새로운 변화가 나타나기까지는 또다른 10억 년이 지나야만 했다. 광합성이라는 새로운 생물학적 능력을 갖춘 세포들은 태양에너지를 이용해서 이산화탄소와 물을 생명 유지에 필요한 당분으로, 그리고 궁극적으로는 탄소 함량이 높은 유기화합물로 전환시켰다. 결과적으로 생물권의 성장과 발전을 지탱하고 확장하는 데 사용할 수 있는 엄청난 양의 에너지 공급원이 생긴 셈이었다. 또한 이 과정에서 나온 주요 부산물이 집적되어서 지구의 대기는 영구적으로 변했다. 그 부산물이 바로 산소 기체다.

광합성은 이렇게 모든 것을 바꾸어놓았다. 수억 년 동안, 대부분 박테리아인 광합성 생물들이 지구의 대기권을 산소로 채워놓았다. 지구 대기권에서 나타난 이 '거대한 산소 급증' 현상은 초기에는 매우 느리게 진행되었다. 사용 가능해진 최초의 산소는 지구의 해양과 지각에 있던 철 등 여러 광물질과 반응하였고, 거대한 양의 산화철 및 여러 화합물을 생성해냈다. 그런데 일단 이런 광물들이 산화되자, 산소는 대기권 안에 급속도로 집적되기 시작했다. 대기 중 이산화탄소 농도는 극적으로 하락했다. 생물체는 사는 동안 탄소를 자신의 몸속에 가두어두는데, 죽고 나서는 사체로 가라앉아 퇴적되고 궁극적으로 암석으로 변하면서 깊은 바닷속 침전물 안에 탄소를 가두었다. 활성도가 높은 산소 환경에 적응할 수 없는 생명체는 멸종해 사라지거나 산소 농도가 낮은 후미진 곳으로 물러났다.

대기 중의 유리산소(과산화수소가 물과 산소로 분해될 때 떨어져 나온 산소)는 지구의 화학적 구성을 근본적으로 바꾸어놓았다. 육상식물의 등장과 관련된 약 4억 년 전의 제2차 산소 급증 기간 동안, 대기 중 산소 농도는 오늘날과 비슷한 수준으로 올라왔다. 산소 비중이 높아져 지구의 화학적 구성이 변화하자 암석이 분해되고 새로운 광물이 생성되었으며 유기화합물 안에 저장되어 있던 에너지가 빠르게 방출되었다. 그로 인해 화재가 발생하고 새로운 형태의 고에너지 물질대사

(metabolism) 형태가 나타났다. 그중 하나가 유산소 호흡인데, 유산소 호흡은 복잡한 다세포생물이 자신을 유지할 수 있는 능력을 크게 향상하도록 해주었다. 이렇게 해서 생물권은 복잡한 다세포생물 번성에 필요한 조건을 만드는 데 일조했으며, 성층권에 있는 보호 오존층을 방패로 삼아 생명체가 육지에 출현하기 쉽게 만들어주었다. 이산화탄소를 일부 제거하고 격리하면서, 지구의 대기권과 기후 역학은 영구적으로 변했다. 금성 표면이 납을 녹일 수 있을 정도로 뜨거운 것은 온실 효과 때문인데, 지구에서는 그런 효과가 크게 줄어들었다. 생명의 출현으로 인해 지구의 화학적 구성과 물리적 특성이 영구적으로 바뀐 것이다.

탄소와 기후

앞서 보았듯이 생물권은 대기권 내 이산화탄소 농도를 변화시켜 장기적으로 태양에너지 유입량의 변화를 초래했다. 오늘날에도 여전히 생물권은 지구 시스템 안에서 적극적인 활동 요인으로 남아 있다. 지구의 전 역사에 걸쳐 지구와 태양 사이 거리와 지구가 태양을 향하는 각도는 주기적으로 변화해왔는데, 이에 따라 지구에 들어오는 태양에너지 총량은 오르내렸으며 시기에 따라 대규모 빙하기가 촉발되었다. 지난

260만 년 동안 지구는 여러 번의 추운 '빙기' 혹은 '빙하기' 주기를 겪었다. 빙기 때는 빙하와 해빙이 극지방으로부터 더 아래쪽으로 내려왔으며, 이와 교차하는 '간빙기' 때에는 상대적으로 따뜻해져서 얼음이 물러났다.

기후과학자들은 남극과 그린란드의 얼음을 깊숙이 뚫고 들어가 수백수천 년 넘게 얼음층에 쌓인 퇴적물을 측정하고, 이를 통해 앞서 말했던 지구의 장기적 기온 변화 추이 및 대기권의 이산화탄소 순환주기를 재구성했다(그림 3). 여러 번의 빙기와 간빙기 주기 동안, 대기권의 이산화탄소 농도는 지구의 온난화 혹은 냉각화와 함께 상승하기도 하고 하락하기도 했는데, 탄소 농도 변화는 부분적으로 생물권이 왕성하게 반응한 결과이기도 했다. 또한 일부는 지구의 해양 속 탄소 저장량이 반응한 결과이기도 했는데, 지구가 따뜻해질 때 탄소를 방출하고 지구가 추워질 때 탄소를 흡수해 보관하는 방식이었다. 그러한 결과를 극대화하면서 생물권은 지구에 들어오는 태양에너지와 온기에 있어 주기적으로 찾아오는 장기적 변화에 적절히 대응해왔다. 이를 통해 100만 년 넘게 지구의 기후 역학을 상승시켜온 강화 피드백 체계가 형성되었다.

지난 1만 1000년의 온난한 간빙기 동안 태양에너지와 지구의 기후가 상대적으로 안정적으로 유지되었는데, 그 이면에는 생물권이 대기 중 이산화탄소의 연중 계절적 변동 역학을

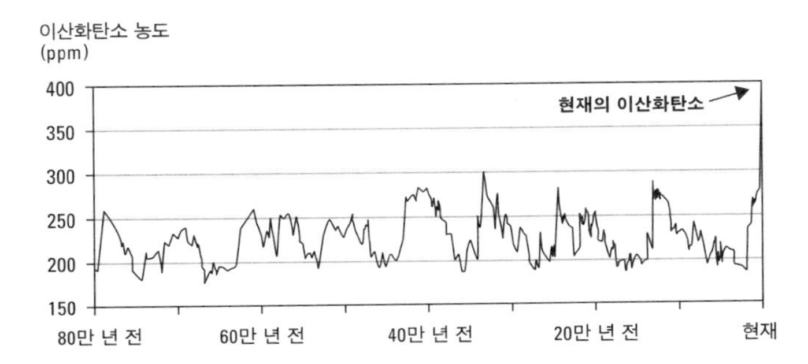

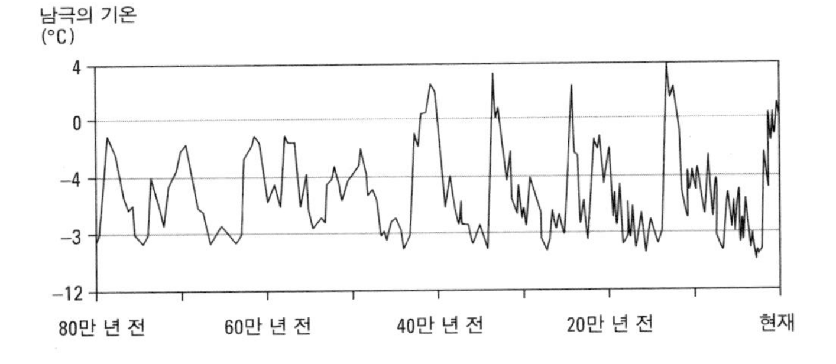

3. 남극의 빙하 코어 기록에 기반한 지난 80만 년 동안 이산화탄소와 기후의 변화. 이산화탄소와 기후변화 사이의 상관관계를 빙기 및 간빙기 주기에 걸쳐 보여주고 있다.

계속해서 조절해왔다. 봄마다 태양이 북반구를 따뜻하게 데우면 육지와 육상 광합성 생물은 대부분 북반구에 있기 때문에 생물권이 탄소를 더 많이 흡수하면서 대기 중 이산화탄소를 감소시킨다. 가을이 되어 북반구가 차가워지면 광합성이 느려지고 부식하는 초목, 토양, 동물 사체로부터 탄소가 방출된다. 이렇게 탄소를 흡수하고 방출하는 연례적 주기는 생물권, 대기권, 그리고 지구 시스템의 다른 권역들 사이에서 나타나는 탄소의 지구적 순환의 일부다. 이 주기는 탄소의 '생물지구화학적' 순환을 형성하는데, 지구의 여러 권역을 넘나드는 원소들의 지구적 순환들 가운데 탄소의 순환은 두번째로 규모가 크다(산소의 순환이 더 크다. 그림 4 참조). 지구 시스템 과학의 도구들을 사용해서 탄소순환의 장기적 역학을 평가함으로써 대기권 내 탄소와 온도에 대한 관측을 할 수 있는데, 이를 통해 생물권, 암석권, 대기권 사이에 체계적인 피드백이 있다는 사실이 드러난다. 이 체계적인 피드백 덕분에 태양으로부터 오는 에너지 투입량이 변화하거나 지구 시스템 안에서 모종의 변화 동인이 나타나더라도 일정한 안정성과 불안정성이 생겨나는 것이다.

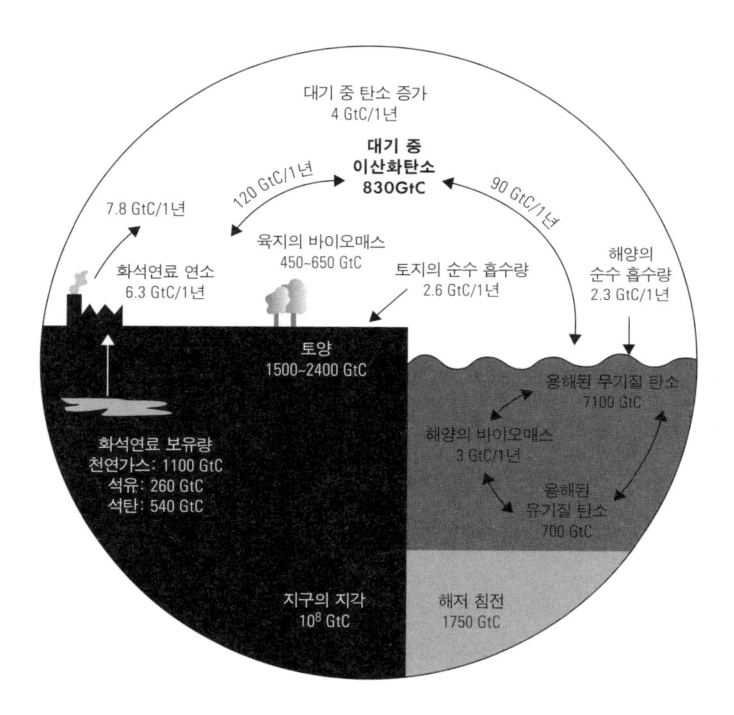

4. 탄소의 지구적 순환. 탄소량 단위는 기가톤(GtC: Gigatonnes of Carbon).

킬링 곡선(Keeling's Curve)

1958년 3월, 국제지구물리관측년(International Geophysical Year) 프로그램의 연구비 지원을 받고 있던 찰스 데이비드 킬링(Charles David Keeling)은 적외선 기체분석기를 끌고 하와이의 마우나로아산(당시 휴화산) 정상으로 올라갔다. 킬링은 아무도 살지 않는 외딴 장소에서 이산화탄소 농도를 측정하려고 했는데, 그런 곳의 공기 상태가 지구 대기권 전체의 잘 혼합된 공기 상태와 유사하다고 생각했기 때문이었다. 젊은 박사후연구원이었던 킬링은 그가 최초로 발견한 현상, 즉 "자연이 여름에는 식물 성장을 위해 대기로부터 이산화탄소를 흡수하고, 뒤이은 겨울에는 다시 이산화탄소를 배출하는 현상을 최초로 목격하고" 논문으로 쓸 예정이었다. 킬링은 생물권의 '숨쉬기'를 관찰했던 것이다.

획기적인 초기 성과에도 불구하고, 킬링의 위대한 공헌이 진정으로 빛을 보기까지는 여러 해 동안 세심하게 측정하는 과정이 더 필요했다. 물론 지금은 '킬링 곡선'으로 잘 알려진 도표를 통해서 그는 장기간에 걸친 측정 결과가 육지 생물권의 계절적 순환을 넘어 놀라운 경향이 있음을 보여주었다(그림 5). 해가 지날수록 이산화탄소 농도가 분명히 상승하는 경향이 발견된 것이다. 킬링은 1960년 자신의 연구를 논문으로 출간하였고, 이 논문은 대규모의 화석연료 연소로 인해 지구

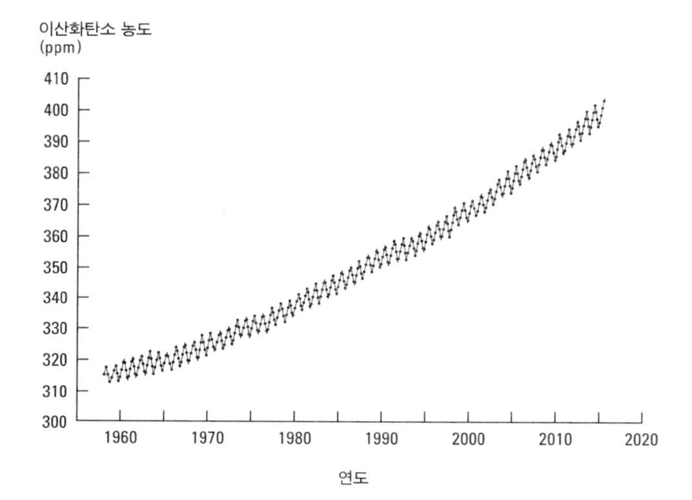

5. 킬링 곡선. 찰스 데이비드 킬링은 하와이 마우나로아산에서 반복적으로 대기 중 이산화탄소를 측정했으며, 이를 통해 이산화탄소 농도가 시간이 지남에 따라 세계적으로 증가하고 있음을 증명했다.

대기권에 이산화탄소가 축적되고 있음을 보여주는 명확한 증거가 되었다. 1970년대에 이르면 지구과학자들이 점차 이산화탄소 농도의 상승 경향에 주목하기 시작했다.

킬링 곡선은 인간의 화석연료 사용이 지구 대기를 급격하게 변화시키며, 잠재적으로는 지구 시스템 전체의 작동까지 변화시킨다는 점을 보여주었다. 그런데 이런 대기권 관찰은 시작에 불과했다. 대기권 안에서 이산화탄소가 어떠한 경향을 보이며 그 원인과 결과가 무엇인지 파악하기 위해서는, 탄소가 지구의 여러 탄소 저장소 안팎을 넘나들고 순환하는 현상을 전체적으로 설명할 수 있어야 했다. 이 탄소순환에는 육지 생물권의 식생과 토양, 그리고 그 안에서 인간이 초래한 변동이 포함된다. 나아가 지구의 해양과 화산활동으로 인한 탄소 배출도 포함되고 화석연료 연소, 철과 시멘트 생산 등으로부터 나오는 사회적 탄소 배출도 당연히 포함된다. 따라서 지구적 탄소순환의 여러 구성요소들을 함께 검토하려면 전례없는 과학상의 국제 협력이 필요하다. 인간 사회가 지구 대기를 변화시키며 궁극적으로 지구 기후까지 변화시킨다는 점을 확증하려는 노력은 곧이어 더 큰 규모의 지구 시스템 과학자 공동체가 등장하는 자극제가 되었다.

오존홀

1970년에 출간한 논문에서 대기화학자 파울 크뤼천은 토양에 서식하는 박테리아가 무독성 비활성 기체를 자연적으로 방출하고, 이 기체가 지구를 보호하는 오존층을 위협할 수도 있다는 점을 제기했다. ('웃음 가스'로도 알려진) 아산화질소는 지구 대기권 상층부까지 올라가서 성층권의 강한 자외선 복사에 의해 분해되는데, 이때 오존과 반응하면서 오존층을 파괴할 수도 있다. 이렇게 오존층이 얇어지면 지상의 생명체가 해로운 자외선 방사에 노출된다. 질소가 다량으로 함유된 비료를 과도하게 사용하면 아산화질소 배출이 가중되면서 해로운 결과가 나타날 수 있다. 그렇지만 당시 크뤼천의 연구는 별다른 관심을 끌지 못했다.

여러 해 지난 1974년, 프랭크 셔우드 롤런드(Frank Sherwood Rowland)와 마리오 몰리나(Mario Molina)는 또다른 종류의 비활성 기체인 염화불화탄소(chlorofluorocarbon)가 성층권으로 올라가 오존을 파괴할 수 있다는 가설을 세웠다. 아산화질소와 대조적으로 염화불화탄소는 전적으로 인공적인 화학물로, 냉장고, 에어컨, 심지어 에어로졸 스프레이 등 산업적 용도로 생산된 물질이다. 성층권의 오존이 정말로 위협받고 있다는 증거가 점차 쌓이면서 롤런드와 몰리나의 가설은 염화불화탄소를 생산하고 사용하는 산업계에 엄청난 논란을 촉발했다.

1985년이 되어서야 오존 파괴의 가장 심각한 결과가 가시적으로 나타났는데, 그것은 바로 남극의 '오존홀'이었다. 계절적인 염화불화탄소 축적으로 인해 남극 상공에서 거의 완벽하게 오존층이 사라지는 결과가 나타난 것이다(그림 6). 오존홀이 발견되자 과학자들뿐 아니라 대중과 정책 입안자들도 즉각 우려를 나타냈다. 그로부터 몇 년 이내에 국제적 협력이 이루어져서, 몬트리올 의정서 체결을 시작으로 오존홀 문제를 해결하기 위한 새로운 정책들이 도입되었다.

몬트리올 의정서를 비롯하여 그 후속으로 나온 더 엄격한 조치들은 궁극적으로 염화불화탄소의 생산과 사용을 근절해서 오존층을 회복하려는 목표를 가지고 있었다. 한편 크뤼천, 롤런드, 몰리나는 1995년 공동으로 노벨화학상을 받았다. 이제는 인간에 의한 대기권 변화가 심각한 결과를 초래한다는 서사가 뿌리내리기 시작했으며, 이와 더불어 인간에 의한 지구 시스템 변화가 가져오는 해로운 결과를 감지하고 이해하며 잠재적으로 막기 위해서 한층 더 강력한 국제적 협력이 필요하다는 주장이 제기되었다.

국제지권생물권계획(IGBP, International Geosphere-Biosphere Programme)

1972년 유엔은 '인간 환경'에 관한 최초의 국제회의를 주최했으며, 이후 유엔환경계획(UNEP, UN Environmental Programme)을 설립하였다. 환경파괴를 저지하려는 노력은 점차 여러 정부기관의 지원을 받게 되었다. 각종 정부기관은 환경문제를 이해하고 대처하려는 연구와 정책을 적극적으로 지원하였다.

사회적 반향을 불러온 레이첼 카슨(Rachel Carson)의 『침묵의 봄』에 기록된 대로, 디클로로디페닐트리클로로에탄(Dichloro - Diphenyl - Trichloroethane, 이하 DDT)과 같은 인공화학물질은 그것이 사용되지 않는 멀리 떨어져 있는 곳에 서식하는 새나 여타 동물의 번식에도 해로운 영향을 끼치고 있었다. 농업, 방목, 도시의 확장으로 인해 자연 서식지는 바뀌고 파괴됐다. 한 지역에서 석탄을 태우면 이산화황이 배출되어 산성비가 형성되고, 산성비는 수백km를 이동하여 다른 지역, 심지어 다른 국가에 내리면서 그곳의 삼림과 담수를 파괴하기도 했다. 1980년대에 이르면 많은 환경문제들이 지구적 규모로 커졌다는 점이 명백해졌다. 그리고 이런 문제를 이해하고 그에 대처하기 위해서는 지구적 환경변화를 위한 과학이 필요했다.

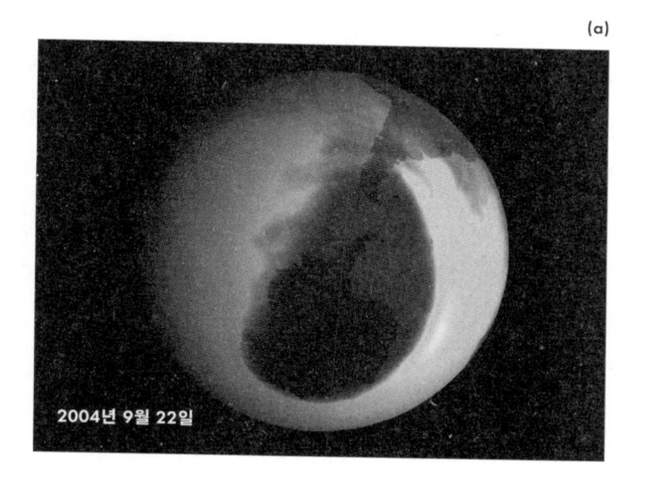

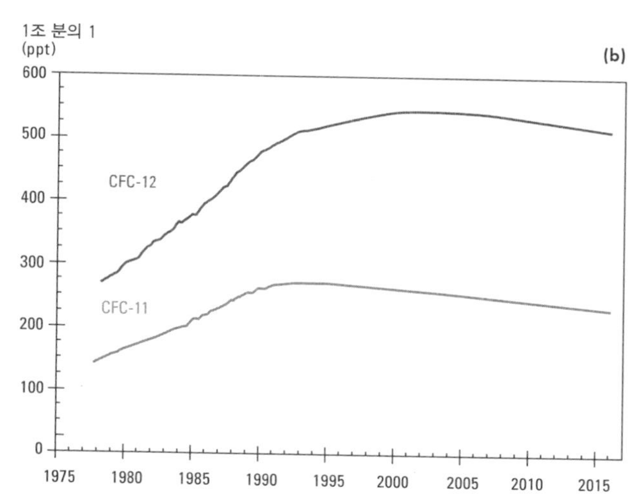

6. 남극 상공의 오존홀 및 대기권 내 염화불화탄소(CFC)의 장기적 변화.

오존홀에 대한 우려는 더욱 광범위한 환경문제들과 연결되어 지구적 환경변화에 관한 더 탄탄한 과학을 요구하는 흐름으로 나타났다. 그래서 국제지구관측년과 같은 기존의 국제적 연구 협력에 기반하여 지구적 환경변화 연구에 전념하는 새로운 국제 과학 기구들이 설립되기 시작했다. 그중 첫번째가 1979년에 설립된 세계기후연구계획이었다. 널리 유포된 1986년 보고서를 통해 미국 항공우주국(NASA)은 다음과 같은 내용을 요청했다.

> 각 구성요소 및 요소 간 상호작용이 어떻게 진화해왔고, 어떻게 작동하며, 모든 시대에 걸쳐 어떻게 지속적으로 진화해나갈지를 예상할 수 있는, 지구 시스템 전체에 대한 과학적 이해가 점점 더 필요하다.

항공우주국의 보고서에는 '인간활동'의 영향을 포괄하는 지구 시스템의 개념 모델이 포함되어 있었다(그림 7). 이런 방향으로 나아가기 위해서는 새로운 국제적 과학 조직이 필요했다.

1987년 막 설립된 국제지권생물권계획에 처음 합류한 학자들 가운데는 파울 크뤼천과 윌 스테판도 있었다. 지구 시스템 과학의 발전에 헌신하는 견고한 학제적 과학자 공동체를

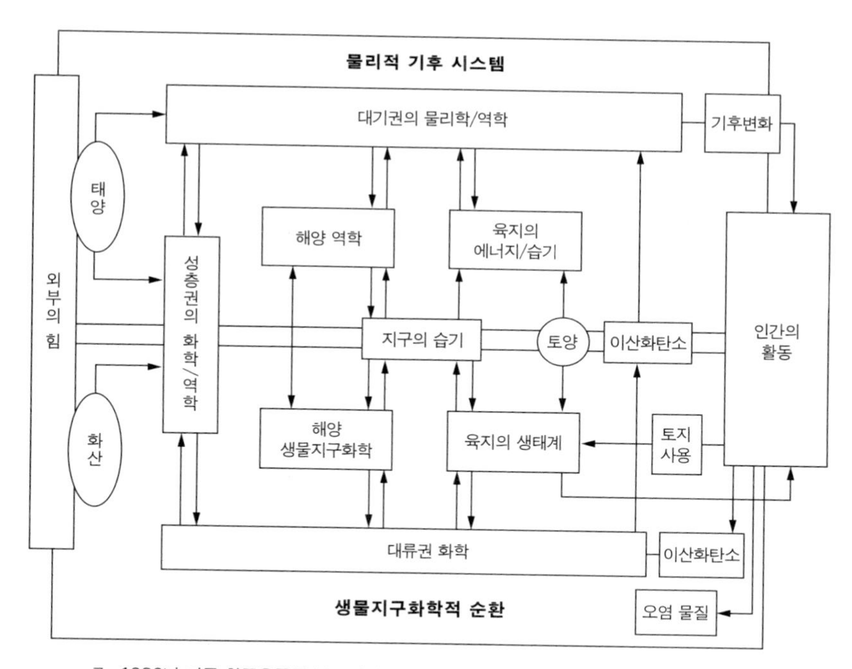

7. 1986년 미국 항공우주국 보고서에서 소개된 지구 시스템 모델. 지구 시스템의 다양한 하위체계의 작동이 토지 사용, 오염, 이산화탄소 배출 등 '인간의 활동'과 연계되어 있다.

형성하려면 제도적 뒷받침도 있어야 하는데, 스웨덴에 본부를 둔 국제지권생물권계획이 설립되자 바로 그 제도적 기반도 마련되었다.

시스템의 변화

1990년대 중반에 이르면, 국제지권생물권계획을 비롯한 여러 국제적 과학 조직의 제도적 지원을 받은 지구 시스템 과학자들이 인간활동으로 인해 지구 시스템의 작동이 극적으로 변화하고 있다는 강력한 증거를 충분히 수집한 상태가 되었다. 인간활동은 이산화탄소, 염화불화탄소, 에어로졸 및 여타 미량가스를 방출하여 대기권을 채우고 있었을 뿐 아니라 지구의 보호 오존층을 위협하고 지구적 기후변화를 초래하고 있었다. 여러 원소의 지구적 순환, 즉 지구의 생물지구화학적 순환이 교란되었는데, 탄소순환뿐 아니라 질소순환, 그리고 생명 유지에 필수적인 원소들의 순환 역시 교란되고 있었다. 인간은 토지를 사용하면서 지구 생태계를 변화시키고 비옥한 토양을 침식시켰으며, 농장과 도시에서 사용하려는 목적으로 물의 흐름도 바꾸어놓았다. 또한 자연 서식지를 파괴하고 심지어 여러 생물종을 급속도로 멸종시키고 있었다.

관측 기록을 보면 인간활동은 분명히 지구의 대기권, 암석권, 수권, 생물권, 기후와 함께 동시에 변화하고 있었다. 1990년대에 이르면 관측 방법이 한 단계 더 진전한다. 여러 권역 사이의 물질교환과 에너지교환을 컴퓨터로 시뮬레이션할 수 있게 되자, 인간활동의 증가가 장기간에 걸친 지구 시스템 작용의 변화와 한낱 상관관계에 있는 것이 아니라 그 원인이라는 점이 증명 가능해졌다. 이는 매우 대단한 성취였다. 단 하나밖에 없는 지구를 대상으로 실험을 할 수는 없기에, 지구 시스템의 과정을 시뮬레이션할 수 있는 능력의 진전은 과학 발전의 돌파구였다. 한스 요아힘 셸른후버(Hans Joachim Schellnhuber)가 1999년 〈네이처〉에 발표한 획기적인 논문을 인용하자면, 지구 시스템 모델은 원격탐사에 의한 우주로부터의 지구 관측, 그리고 지구적 네트워크를 통한 육지 및 해양 관측과 결합하여 "지구의 물리적 상태 혹은 '가이아의 몸'의 신비를 푸는 데 목표를 두는 두번째 코페르니쿠스 혁명"을 대변했다.

2001년 국제지권생물권계획은 과학자, 정책 입안자, 자원 관리 전문가, 언론인 등 1400명이 넘는 회원들이 참여한 가운데 암스테르담에서 역사적인 회의를 개최했다. 하나의 시스템으로서의 지구를 연구할 필요성에 초점을 맞추면서 '지구적 변화에 관한 암스테르담 선언'이 도출되었다. 이 선언에는 다음 내용이 포함되었다.

> 지구 시스템은 물리적, 화학적, 생물학적, 인간적 요소로 이루어진 하나의 자기 조절적 시스템으로서 작동한다. (…) 지구의 지표면, 해양, 해안, 대기, 생물학적 다양성, 물의 순환, 그리고 생물지구화학적 순환에서 인간이 초래한 변화는 자연적 변이를 넘어서는 수준이며, 이는 명백하게 확인할 수 있다. 인간이 초래한 변화는 그 규모와 영향력에 있어서 몇몇 거대한 자연의 힘에 비견될 정도다. 그리고 그 변화 중 많은 것들이 가속화되고 있다. 지구적 변화는 현실이며, 지금도 진행중이다.

지구 시스템 과학은 지구의 작용에 나타나는 역동적인 변화의 원인을 계속 탐구하고 있다. 아마도 가장 잘 연구된 주제는 이제 인간이 "자연의 거대한 힘을 압도하고 있다"라는 주장일 것이다. 지구 시스템의 작용에 있어 인간이 전례없는 변화를 초래하고 있음을 보여주는 결정적 증거들에 기반하여 이 주장은 현재 설득력을 얻고 있다. 게다가 인간이 초래한 변화들은 지구 시스템 안에서 티핑 포인트를 넘어서고 여타 복잡한 피드백 효과를 불러와 더 급격하고 놀라운, 그리고 파국적인 결과를 가져올 잠재력을 지니고 있다.

이런 배경에서 보면, 국제지권생물권계획의 2000년 멕시코 회의 때 파울 크뤼천이 즉흥적으로 지구 역사에 새로운 지질시대 구분이 필요하다는 주장을 한 것은 충분히 납득 가는 일이다(크뤼천은 당시 국제지권생물권계획의 부회장이었다). 그렇지만 지구 시스템 과학에서 나온 대규모의 증거만으로는 기존 지질시대에 변화를 줄 수 없다. 지질시대는 지구의 46억 년 역사를 지질학적 누대(累代, eon), 대(代, era), 기(紀, period), 세(世, epoch)로 세분화하는 공식적이고 국제적인 협의가 이뤄진 정리 방식이다. 새로운 지질시대를 선언하기 위해서는 지질학자들이 자신들만의 과학적 방법, 절차, 증거를 적용하는 작업이 필요하다. 지구적 차원에서 인간이 암석 안에도 분명한 표시를 남겼음을 입증해야만 하는 것이다.

제 3 장

지질시대

크뤼천이 인류세 개념을 처음 제안하고 8년이 지난 후, 지질학자들이 조직적으로 움직이기 시작했다. 2008년에 발표한 논문 「우리는 지금 인류세에 살고 있는가?」에서 얀 잘라시에비츠(Jan Zalasiewicz)와 그의 런던지질학회 소속 동료들은 지질학자들이 인류세를 새로운 지질시대로 고려해야 한다고 촉구했다.

이미 압도적으로 많은 과학적 증거가 인간이 지구를 변화시켜왔음을 입증했다. 따라서 지구 역사의 과학적 연대기, 즉 지질시대에 인류세가 아직도 포함되지 않았다는 점이 이상하게 보일 수도 있다. 이유는 간단하다. 지질시대를 다루는 전문가들은 우리 행성을 형성하는 지질학적 과정에 의해 암석에 물리적인 흔적이 남아야만 지질학적 연대표를 직접 구성해낸다.

인류세를 지질시대로 정의할 때 부딪치는 난관을 이해하기 위해서는 지질학자들이 지질시대를 구성할 때 사용하는 과학적 방법을 이해할 필요가 있다. 우선 지질시대라는 것이 층, 혹은 '층서'로부터 추론된다는 점을 알아야 한다. 이 층은 오랜 시간에 걸쳐 한 겹 한 겹 쌓이며, 그 결과 '층서학적' 기록을 만든다. 예를 들어 이런 기록은 오랜 시간에 걸쳐 호수 바닥에 퇴적되고 나중에 퇴적암으로 굳어져서 침전물의 층 속에 보존된다.

지질학자 중에서 층서 기록을 전문적으로 연구하는 사람들을 층서학자라고 부르는데, 지질시대 구분이 바로 층서학자들의 담당업무이다. 인류세가 지구 역사를 구성하는 하나의 지질시대가 될 수 있을지 여부는 궁극적으로 층서학자 공동체의 결정에 달려 있다. 인류세를 지질시대로 인정해야 한다는 입장과 그에 반대하는 입장 모두를 이해하려면 우선 층서학에 대한 기본적인 이해가 필요하며, 지질시대를 확립하는 방식에 대한 이해도 필수적이다.

8. 잉글랜드 콘월 지역 퇴적암에 나타난 심해 퇴적물 지층. 퇴적층을 뚜렷하게 관찰할 수 있다.

층서학의 기원

17세기 후반 니콜라스 스테노(Nicholas Steno)의 연구와 함께, 특히 퇴적암의 층서 구조에 대한 그의 해석과 함께 층서학이 시작되었다(그림 8). 퇴적암에서 더 새로운 층은 더 오래된 층 위에 형성된다는 스테노의 '누중법칙(Law of Superposition)'은 여전히 층서학의 가장 근본적인 개념으로 남아 있다. 스테노는 여기에 두 개의 원리를 추가했다. 현재 퇴적암의 상태나 층의 방향이 어떻든지 간에 퇴적암은 원래 수평으로, 그리고 연속적인 층으로 형성된다는 원리이다('수평성의 원리'와 '연속성의 원리').

고대의 퇴적암이 다양한 지질학적 과정에 의해 변형되고 기울어지고 침식되고 여러 방식으로 뒤섞인다 해도, 스테노의 원리를 적용하면 그것을 시간의 층위로 해석할 수 있다. 스테노를 비롯해 여러 학자들은 특정 층위 안의 물리적 특징(광물 구성, 질감, 색상 등)과 화석 내용물을 통해 층위를 변별할 수 있으며, 심지어 다른 지역에 노출된 다양한 암석 형성물과도 그 층위의 상관관계를 규명할 수 있다는 점을 알아냈다.

그로부터 한 세기 지나 층서학을 가장 획기적으로 발전시킨 연구는 영국의 한 측량사에게서 나왔다. 문자 그대로 참호 속에서 일하면서 광산, 운하, 탄갱 등을 관측했던 경험 덕분에, 윌리엄 스미스(William Smith)는 영국 전역의 다양한 층서에 친숙해졌다. 스미스는 국지적 관찰을 넘어서 화석과 암석의 유형을 연관시키고, 이를 잉글랜드, 웨일스, 스코틀랜드 지역 전체를 포괄하는 층서로 연결시켰다. 스미스는 넓은 지역에 걸쳐 연속적으로 나타나는 암석층 노출 분포를 최초로 정확하게 지도로 그려냈는데, 이는 지금까지도 '세계를 바꾼 지도'라고 칭송된다. 그러나 스미스는 생전에 제대로 인정을 받지 못해서 빚을 지고 채무자 감옥에 갇히기도 했다. 스미스의 업적에 대한 인정은 대부분 그의 사후에 이루어졌으며, 스미스는 이제 '영국 지질학의 아버지'로 알려져 있다. 스미스가 만든 지도는 여전히 런던지질학회의 본부인 벌링턴 하우스에 걸려 있다.

층서학은 광산업에서 건설업에 이르기까지 실용적으로 적용할 수 있는 학문이다. 그렇지만 층서학이 가장 큰 역할을 하는 분야는 아마도 지질시대의 재구성일 것이다. 지질시대는 지구가 형성되던 시기의 지각, 생명의 기원과 진화, 그리고 오늘날까지 계속되고 있는 지구 시스템의 변화 과정을 이해하는 데 대단히 중요하다. 또한 층서학자들은 스테노와 스미스가 상상하지 못했던 다양한 도구들을 개발해왔다.

지질연대학(Geochronology)

최초로 지질시대에 대해 층위학적으로 재구성한 것은 '상대적 지질연대학'이었다. 상대적 지질연대학에서는 암석층 혹은 층서 '단위'의 상대적 위치를 시간상의 연속으로 해석한다. 당연히 낮은 층위가 더 오래된 것이고 높은 층위가 더 최근의 것이다. 각각의 층위는 그 물리적 특성에 기반하여 '암석층서적 단위'로 식별되거나 독특한 화석 생물상에 기반하여 '생물층서적 단위'로 식별된다. 혹은 그 둘의 조합을 통해 식별되는 경우도 있다. 이 방법으로 절대적 연대를 결정할 수는 없지만, 각 단위를 연속적으로 모으면 매우 유의미한 지질시대 구분을 재구성해볼 수 있다. 이는 화석 유기체의 진화적 변화를 관찰할 수 있도록 해주었고 나아가 '화석 천이(遷移)의 원리'라는 층서학적 원리를 밝혀냈다. 화석 천이는 생물상이 연속적으로 함께 전환하는 경향을 말하는데, 이는 다윈의 초기 진화론을 지지해주는 강력한 증거가 되었다.

18세기 중반, 조반니 아르뒤노(Giovanni Arduino)와 동료 층서학자들은 사상 최초로 지구 역사 전체를 망라하는 연속적인 시간표를 만들고자 했다. 지질시대에 관한 이 최초의 달력에서 그들은 네 개의 지질시대 혹은 '기'를 네 종류의 암석과 연계시켰으며, 각각을 제1기에서 제4기까지 순서대로 명명하였다. 또한 암석층의 두께와 형성 비율에 근거하여 각 시대가 얼마나 오래 지속되었는지도 추정했다. 이 비율은 화학적이고 물리적인 암석의 분해(풍화), 침식, 퇴적, 그리고 퇴적물이 단단한 암석으로 압축되어 굳어지는(암석화) 속도에 기반하여 추정되었다.

20세기에 들어서자 새로운 기법이 층서학에 혁명을 가져왔다. 바로 방사성 연대측정법인데, 그중 가장 잘 알려진 형태는 '탄소 연대측정법'이다. 방사성 연대측정은 사상 최초로 층서 단위를 절대적 시간에 따라 배열할 수 있도록 해주었고, 그 결과 형성 시기를 알 수 있는 '지질연대학 단위'가 산출되기에 이르렀다.

몇몇 원소에는 방사성 동위원소(중성자 수가 다른 변이형)가 있는데, 그 원소가 다른 원소나 동위원소로 붕괴할 때 방사성 붕괴 비율 혹은 '반감기' 비율이 다르게 나타난다. 방사성 연대측정은 바로 이 원리에 기반한다. 예를 들어서 탄소의 가장 흔한 동위원소는 탄소 12로, 6개의 양성자와 6개의 중성자를 가지고 있다. 탄소 12는 안정적이며 붕괴하지 않는다. 그렇지만 탄소는 자연 상태에서 중성자가 8개인 탄소 14의 형태로 나타나기도 한다. 탄소 14는 방사성을 띠며, 약 5730년마다 절반의 양으로 감소한다(탄소 14의 반감기). 따라서 암석이나 여러 광물 표본에 함유된 다양한 동위원소의 상대적인 양을 측정하고, 남아 있는 동위원소 양과 그 상대적인 반감기로부터 절대적인 연대를 계산해낼 수 있다. 탄소 14의 반감기는 5730년으로 짧아서, 탄소 함유량이 많고 연대가 4만 년 이하인 물질에만 제한적으로 사용할 수 있지만, 우라늄 235와 같은 원소는 동위원소의 반감기가 수억 년에 이르기 때문에(약 7억 년) 10억 년 이상의 연대층서에도 사용할 수 있다.

1913년, 한 암석 표본에 방사성의 연대를 측정했더니 약 16억 년 정도 되었다는 결과가 나왔다. 그것은 시작에 불과했다. 절대연대 측정법과 지질연대학이 등장하면서, 시간 단위와 암석 단위가 연계되는 형태로 지질시대를 재구성할 수 있게 되었다. 또한 층서학 연구를 위한 여러 가지 도구도 추가되었다. 상세한 화학적 구성 및 동위원소 구성에 기반하여 층서 단위를 식별하고 연계시키도록 해준 화학층서법, 지구 자기 극성의 변화를 역사적으로 재구성한 것과 비교하여 층서 단위의 연대를 상대적으로 결정하는 자기층서법 등이 그에 해당한다. 이렇게 확장된 층서학 기법들이 방사성 연대측정과 결합함으로써, 40억 년 넘는 지구의 역사가 장대하고 자세하게 재구성될 수 있었다.

지질시대

지질시대(Geological Time Scale, GTS)란 층서학자들이 여러

누대(累代, eon)	대(代, era)	기(紀, period)	통(統, series)/세(世, epoch) GSSP	단위: 100만 년 전
현생누대 Phanerzoic	신생대 Cenozoic	제4기 Quaternary	홀로세 Holocene	0.0117
			플라이스토세 Pleistocene	2.58
		네오기 Neogene	플라이오세 Pliocene	5.333
			마이오세 Miocene	23.03
		팔레오기 Paleogene	올리고세 Oligocene	33.9
			에오세 Eocene	56.0
			팔레오세 Paleocene	66.0
	중생대 Mesozoic	백악기 Cretaceous	후세 Upper	100.5
			전세 Lower	~145.0

누대(累代, eon)	대(代, era)	기(紀, period)	통(統, series)/세(世, epoch) GSSP	단위: 100만 년 전
				~145.0
현생누대 Phanerzoic	중생대 Mesozoic	쥐라기 Jurassic	후세 Upper	163.5 ±1.0
			중세 Middle	174.1 ±1.0
			전세 Lower	201.3 ±0.2
		트라이아스기 Triassic	후세 Upper	~237
			중세 Middle	247.2
			전세 Lower	251.902 ±0.024
	고생대 Paleozoic	페름기 Permian	로핑기아세 Lopingian	259.1 ±0.5
			과달루피아세 Guadalupian	272.95 ±0.11
			시수랄리아세 Cisuralian	298.9 ±0.15
		석탄기 Carboniferous	펜실베이니아기 혹은 펜실베이니아세 Pennsylvanian: 후세 Upper	307.0 ±0.1
			중세 Middle	315.2 ±0.2
			전세 Lower	323.2 ±0.4
			미시시피기 혹은 미시시피세 Mississippian: 후세 Upper	330.9 ±0.2
			중세 Middle	346.7 ±0.4
			전세 Lower	358.9 ±0.4

누대(累代, eon)	대(代, era)	기(紀, period)	통(統, series)/세(世, epoch) GSSP	단위: 100만 년 전
현생누대 Phanerzoic	고생대 Paleozoic	데본기 Devonian	후세 Upper	358.9 ± 0.4
			중세 Middle	382.7 ±1.6
			전세 Lower	393.3 ±1.2
		실루리아기 Silurian	프리돌리세 Pridoli	419.2 ±3.2
			루드로세 Ludlow	423.0 ±2.3
			웬록세 Wenlock	427.4 ±0.5
			란도버리세 Llandovery	433.4 ±0.8
		오르도비스기 Ordovician	후세 Upper	443.8 ±1.5
			중세 Middle	458.4 ±0.9
			전세 Lower	470.0 ±1.4
		캄브리아기 Cambrian	푸롱기아세 Furongian	485.4 ±1.9
			제3통 Series 3	~497
			제2통 Series 2	~509
			테레네우비아세 Terreneuvian	~521
				541.0 ±1.0

누대(累代, eon)		대(代, era)	기(紀, period) GSSP GSSA	단위: 100만 년 전
선캄브리아시대 Precambrian	원생누대 Proterozoic	신원생대 Neoproterozoic	에디아카라기 Ediacaran	541.0 ±1.0
			크라이오제니아기 Cryogenian	~635
			토니아기 Tonian	~720
		중원생대 Mesoproterozoic	스테니아기 Stenian	1000
			엑타시아기 Ectasian	1200
			칼리미아기 Calymmian	1400
		고원생대 Paleoproterozoic	스타테리아기 Statherian	1600
			오로시리아기 Orosirian	1800
			라이아시아기 Rhyacian	2050
			시데리아기 Siderian	2300
	시생누대 Archean	신시생대 Neoarchean		2500
		중시생대 Mesoarchean		2800
		고시생대 Paleoarchean		3200
		초시생대 Eoarchean		3600
	명왕누대 Hadean			4000
				~4600

9. 국제층서위원회의 공식 지질시대(2017년 기준). 누대, 대, 기, 세로 분류되어 있으며, 표시된 시간 단위는 현재로부터 100만 년 전임.

세대에 걸쳐 수행해온 연구를 지구 역사에 대한 단일하고 표준적인 지질연대학 안에 종합한 것이다(그림 9). 지질학계의 국제조직인 국제지질과학회 안에 실무위원회 격인 국제층서위원회가 1974년 출범함으로써, 과학적 연구를 대규모로 조정하는 작업이 속도를 얻게 되었다.

국제층서위원회의 초점은 처음부터 지구 역사를 연대층서학적 단위의 표준적 위계에 근거하여 지질시대 형태로 조직화하는 데 있었다. 가장 큰 단위는 누대였고, 그 아래 대, 기, 세, 절이 순차적으로 세분되었다. 18세기 말부터 시작하여 전 세계 여러 곳에서 수행된 층서학적 연구를 종합해야 했다는 사실을 고려하면, 국제층서위원회가 이렇게 질서정연한 지질시대 구조를 산출해낸 것은 정말 놀랍다. 예를 들어 쥐라기는 레오폴트 폰 부흐(Leopold von Buch)에 의해 1839년 정립되었는데, 이는 1795년 알렉산더 폰 훔볼트(Alexander von Humboldt)가 스위스 쥐라산에서 관찰했던 암석 형성 자료에 근거를 두고 있었다. 1982년 처음 출간된 이후, 새로운 고생물학적 증거가 발견되거나 연대측정법이 발전함에 따라 지질시대도 주기적으로 수정되고 갱신되었다.

지질시대는 지구의 역사 45억 5000만 년을 역사적으로 중요한 사건들이 포착되는 연대층서학적 단위들로 나눈다. 그렇지만 중요한 사건이 모두 지질시대의 구분선과 일치하는 것은 아니다. 다섯 번의 대멸종은 단기간 내에 예외적으로 많은 생물종이 멸종한 사건들로, 지구 역사에서 모두 중요한 사건이었다고 보통 인정되지만, 그중 네 개만이 지질시대 경계와 일치한다. 모든 생명이 완전히 멸종할 뻔했던 가장 극적인 멸종 사건은 약 2억 5200만 년 전 페름기 말에 일어났다. 가장 널리 알려진 멸종 사건은 날지 못하는 공룡과 해양 파충류가 멸종한 사건으로, 6600만 년 전 백악기와 팔레오기의 경계 시점에 일어났다(백악기와 팔레오기 경계는 K-T 경계라고 불리기도 했다). 5억 4100만 년 전 캄브리아 전기가 시작하는 경계에서도 다세포동물 화석이나 과밀한 서식굴 흔적이 뚜렷하게 나타나는데, 그 지점은 현생누대('생물을 볼 수 있는 시대')의 시작점이기도 하다.

그렇지만 지질시대에는 생명의 기원(시생누대 초반의 어느 시점), 산소를 생산하는 최초의 광합성 생물 출현(고원생대), 최초의 다세포동물 혹은 육상식물의 출현(둘 다 신원생대 후반), 심지어 최초의 육상동물 출현(아마도 실루리아기)을 표시하는 어떠한 지질학적 경계도 없다. 그 이유는 전적으로 실용적이다. 확인할 수 있는 층서적 지표가 없으면 지구 역사에서 아무리 중요한 이정표라 할지라도 지질시대에 포함하기 어려운 것이다.

지질시대에 표시된 지구 역사의 사건들은 명확하게 인지할 수 있는 형태로 지구적 층서 표시를 남긴 것들뿐이다. 대표적인 예로 이리듐 함량이 높은 지층을 들 수 있는데, 이것은 공룡 멸종을 초래했을 것으로 여겨지는 대규모 운석 충돌로 인해 만들어진 지층이다. 광합성 생물이 지구의 산소를 급증시킨 현상은 확실히 지구 시스템을 매우 심대하게 변화시키기는 했지만, 식별 가능한 층서 지표로 남기에는 너무나 점진적으로 진행되었다. 반면, 생물층서학의 주요 기초이기도 한 동물 화석이 식별 가능한 형태로 나타나면, 지질시대의 근원적인 구분인 선캄브리아대와 현생누대의 구분을 표시할 수 있을 것이다. 선캄브리아대는 지구 초기 역사의 40억 6000만 년 전체를 가리키는 일반적인 용어다. 현생누대가 시작되기 전인 수억 년 전부터 다세포동물이 출현했음에도 불구하고, 최초의 생물종은 신체가 부드러웠기 때문에 명확한 화석을 거의 남기지 않았고, 따라서 그들의 출현은 지질시대의 이정표로 등록되지 못했다.

층서학의 방법론은 명확하다. 지질시대로 등록되려면 지구 시스템의 변화만으로는 충분치 않으며 적절한 종류의 층서학적 증거를 남겨야만 한다.

황금못(Golden Spike)

지질시대는 층서의 경계를 식별하여 시간 간격으로 구분된다. 이때 한 층서의 하부 경계는 그 이전 층서의 상부 경계가 된다(이것을 '경계 모식'이라고 한다). 1977년 이래로 층서 경계는 연속적인 층서 안에서 식별되고 연대가 측정된 지표를 통해서 정의됐다. 지표들은 대체로 화석 생물체의 최초 출현과 같은 생물층서적 특징이었다. 이렇게 정의되고 연대가 측정된 지표들은 비공식적으로는 '황금못'이라고 부른다. 황금못은 '암석층의 특정한 연속 안에서 특정 지점'을 확인해주며, 공식적으로는 국제표준층서구역(Global Boundary Stratotype Section and Point, 이하 GSSP)이라고 알려져 있다.

지질시대 안의 모든 시대 경계를 GSSP로 표시하려는 작업은 여전히 진행되고 있다. 그러나 화석 증거가 부족하므로, 선캄브리아대의 경계들은 GSSP가 아닌 국제표준층서절(Global Standard Stratigraphic Age, 이하 GSSA), 즉 연대로 표시된다. 그럼에도 층서학의 궁극적인 목표는 지질시대 안의 모든 시대 구분을 전문가 심사를 거쳐 GSSP로 표시하여 공표하는 것이다.

GSSP는 암석의 연대를 표시한 지점 이상을 의미한다. 특정 층서 연속 안에서 특정 지점을 표시한 다음, 각 GSSP는 공식적으로 등록되고 접근 가능한 장소에 보존되어 차후 관찰할 수 있도록 공개된다. 예를 들어 선캄브리아대와 캄브리아기

10. 국제표준층서구역(GSSP) 혹은 황금못의 예. 에디아카라기의 기저부를 표시하는 지표로, 사우스오스트레일리아주 에디아카라에 있다.

의 경계를 표시하는 GSSP는 캐나다 뉴펀들랜드의 포춘헤드 자연보호구역에 있다. 그곳에 위치한 암석 연속체 안에 트렙티크누스 페둠(Treptichnus pedum)이라는 이름을 가진 천공동물종의 특징적 화석 흔적이 최초로 나타났다는 것을 확인할 수 있다(Fortunian GSSP, 그림 10 참조).

특정 GSSP의 유래가 되는 장소에 실제로 금속 '황금못'을 사용하여 표시하기도 하지만, 이런 표시는 필수적이지 않다. 중요한 점은 각각의 GSSP가 경계를 표시하고 그 층서 연속의 상부와 하부를 모두 보여주는 데 있어 '가능한 한 최고의' 지표여야 한다는 점이다. 또하나 중요한 관건은 GSSP에 의해 확인된 경계의 층이 장소마다 시대가 달라지는 '통시적(diachronous)' 단위가 아니라 '등시적(isochronous)' 단위여서, 세계 각지에서 동일한 시기에 확인 가능한 시간층서적 단위를 나타내주어야 한다는 점이다. 통시적 지표 채택을 방지하기 위해서는 세계 각지에 있는 다양한 층서 연속을 관찰한 다음 '지구적 종합'을 할 수 있도록 같이 검토해야 한다. 아울러 이상적인 GSSP는 방사성 측정 혹은 여타 신뢰할 만한 기법을 이용하여 연대측정이 가능해야 하고, 명확한 지표를 여러 개 포함해야 한다. 이 여러 개의 지표는 생물층서적 지표일 수도 있고 다른 종류의 지표(자기층서적 지표, 화학층서적 지표)일 수도 있는데, 중요한 것은 이 지표를 전 세계에 걸쳐 존재하는 층서적 연속과 시간상으로 연관시키는 작업이다. 뒤에서 다룰 테지만, 인류세의 GSSP를 정의하는 과정에서도 단순히 통시적인 지표로 지질시대를 설정해서는 안 되며, 통시적인 환경 과정에 매몰되지도 말아야 한다는 논점이 중요하게 등장하였다.

전반적으로 볼 때, 이런 엄격한 요구조건을 충족시키기란 대체로 어려운 일이다. 그래서 많은 층서학적 문제에 대해서는 보통 실용적인 해법이 필요하다. GSSP 제안을 완결하기 위해서는 우선 여러 해에 걸친 세심한 연구가 선행되어야 한다. 조건이 충족되면 실무단이 새로운 GSSP 제안서를 제출하고 동료 학자들이 심사하는 과정을 거친다. GSSP에 대한 승인 투표는 실무단을 거쳐 상위 소위원회로, 그다음 국제층서위원회로, 마지막은 국제지질과학회 집행위원회로 넘어간다. 각각의 투표에서 모두 찬성 결과가 나오면 마침내 GSSP가 승인되어 지질시대에 등록된다. 이렇게 공식적이고 국제적이며 과학적인 제도적 절차에 의해서 지구의 역사는 암석 안에 새겨진 물리적 기록과 연결된다. 바로 이 과정이 인류세가 지질시대 안에서 가장 최근의 시대라고 표시되기 위해서 거쳐야 하는 과정이다.

제4기

지질시대 구분 중 가장 최근에 해당하는 시기는 260만 년 전에 시작된 제4기다. 따라서 인류세가 지질시대로 정의된다면 이 제4기 안에 포함될 확률이 가장 높다. 층서학의 초기에서부터 그 연원을 찾아볼 수 있는 제4기는 지질시대가 직면하는 도전과 기회가 어떤 것인지 잘 보여준다. 제4기는 아르뒤노가 1759년 지구 달력에서 설정했던 4개의 '기' 중 유일하게 아직도 지질시대에 남아 있다. 심지어 제4기는 지질시대에서 5년 동안 퇴출당하였다가 2009년 다시 복귀하기도 했다. 인류는 주로 제4기에 진화했기에, 이 사실에 영감을 받아 제4기에 대한 대안적인 명칭들이 제안된 적도 있다. 예컨대 1980년대 소련 지질학자들이 '인류기(Anthropogene)'라는 용어를 사용했다.

제4기는 지구의 역사에서 상대적으로 추웠던 시기, '현 빙하기(current ice age)'라고도 알려진 시기에 해당한다. 더 극심한 빙기 및 간빙기 주기, 그리고 추운 빙기 동안 대규모로 형성된 대륙 빙하층으로 인해 제4기는 그 이전 시기인 네오기와는 구분된다. 제4기는 지구 역사의 최근 260만 년에 걸쳐 있기 때문에, 그 층서학적 기록은 이전 시대보다 일반적으로 더 많고 접근이 쉬우며 상세하다. 이로 인해 지질학자들은 지질시대에서 채택하는 명확한 경계선에 더해 지구 시스템의 변

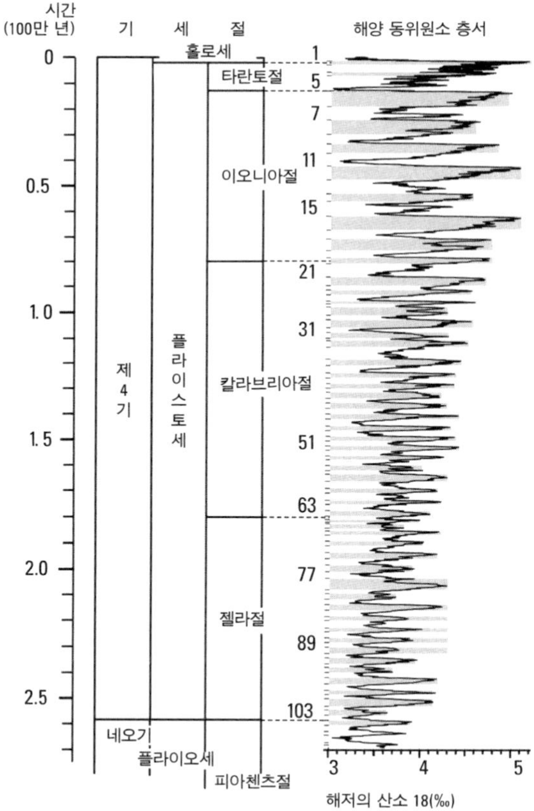

11. 해양 동위원소 층서(MIS)와 비교한 지질시대 제4기. 지구적으로 온도가 변하면 산소의 동위원소인 산소 18이 변화하며, 이는 결국 MIS에 뚜렷한 표시로 남는다. 홀수로 번호가 매겨진 MIS가 따뜻한 시기이다. MIS 1은 홀로세의 간빙기와 겹친다.

화와 관련된 여러 가지 연속적인 기록도 복원할 수 있었다. 예를 들어 제4기의 빙하 및 간빙기 주기는 심해 침전물 코어의 산소 동위원소 변화를 측정함으로써 세밀하게 복원할 수 있었다(그림 11).

산소의 동위원소이면서 질량이 더 작은 산소 16은 바다에서 더 쉽게 증발하는데, 이 때문에 바닷물 안에는 질량이 더 큰 산소 18의 함유율이 올라간다. 빙하기 동안 육지에 얼음이 쌓이면 산소 16이 얼음 안에 갇히면서 해양이나 퇴적층의 산소 18 함유율이 더 올라간다. 시간이 지남에 따라 퇴적층에 쌓인 산소 18과 산소 16의 비율을 측정하면 상당히 정확하게 지구가 따뜻했던 시기와 추웠던 시기를 추론할 수 있다. 현재부터 과거로 거슬러올라가면서 지구의 따뜻한 간빙기와 추운 빙기의 주기를 나타내는 각 '단계'에 번호를 매긴 것이 현재 널리 사용되는 '해양 동위원소 층서(Marine Isotope Stage, MIS)' 체계다. 현재의 따뜻한 간빙기(홀로세)를 가리키는 MIS 1에서 시작하여 거슬러올라가면 '최후의 빙기 정점'인 MIS 2가 나오고, 계속 그런 식으로 거슬러올라가면 플라이오세까지 이어진다. 이런 주기적 단계는 빙하 코어에서 측정할 수 있는 대기 중 이산화탄소 및 여타 미량 기체의 장기적 변화와 연계되며, 생태적 연대기나 고고학적 연대기를 재구성하는 데 곧잘 응용되기도 한다.

대부분의 제4기는 플라이스토세('가장 최근'이라는 뜻에서 갱신세 혹은 홍적세라고도 불림)의 여러 빙하기 및 간빙기 주기로 이루어져 있다. 홀로세('완전히 최근'이라는 뜻에서 현세 혹은 충적세라고도 불림)는 지금으로부터 1만 1700년 전에 시작되었는데, 그 시점이 바로 우리가 현재 살고 있는 따뜻한 간빙기로 전환된 시점이다. 홀로세는 그 층서의 하부 경계가 그린란드에서 추출한 단단한 빙하 코어 속 GSSP로 표시된다는 점에서 독특하다(그림 12). 얼음도 암석의 한 형태이고(무기물 고체), 그린란드의 빙상은 매년 눈이 내려 쌓인 층이 세월이 흘러가며 단단히 다져진 것이다. 해양 퇴적층은 동물의 이동('생물혼탁작용')을 비롯한 여러 과정에 의해 혼합이나 교란이 일어나는 데 비해, 대륙의 빙하 퇴적층은 그렇지 않아 층서학적 증거를 더 일관되고 정확하게 정의할 수 있다. 따라서 MIS 1처럼 해양 퇴적물에 나타난 지표를 사용하여 현재의 간빙기 시작점, 즉 홀로세의 GSSP를 보여줄 수도 있지만, 빙하 코어 기록을 사용하면 더 정확하게 홀로세의 시작점을 보여줄 수 있다(현재로부터 1만 1700년 전이며 오차는 100년 내외).

제4기는 오랫동안 지질시대 연구의 이론과 방법론을 발전시키는 시험대 역할을 해왔다. 여기에는 현재부터 과거로 시간을 거슬러올라가는 연대측정법, 빙하 코어의 사용, 동위원소법이나 방사성 연대측정 또는 화학층서를 통해 자세하고

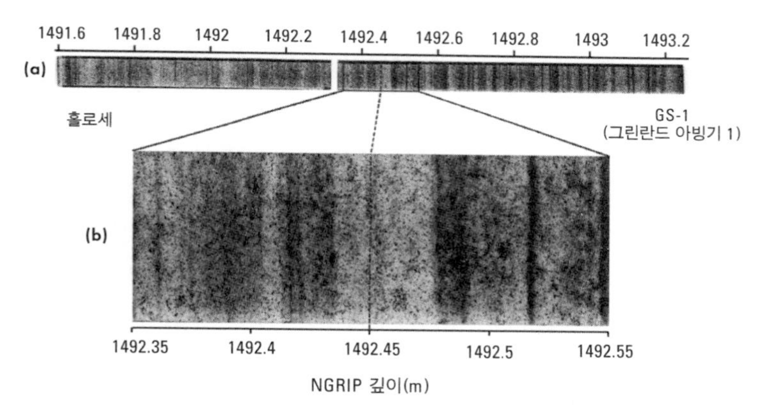

12. 홀로세의 GSSP. 홀로세 층서 하부 경계는 그린란드 빙상으로부터 추출한 빙하 코어 속 1492.45미터 지점에 표시되어 있다.

연속적인 연대표를 복원하는 작업 등이 포함된다. 인류세를 지질시대 안에 포함되는 지질학적 단위로 정의하려면 더욱 새로운 층서학적 접근이 필요할지도 모른다.

인류세실무단(Anthropocene Working Group)

국제층서위원회의 제4기층서소위원회는 2009년 생물층서학 전문가인 영국 레스터대학의 얀 잘라시에비츠 교수에게 인류세실무단을 구성하도록 요청했다. 새로 구성되는 이 실무단은 단일한 과업을 맡을 예정이었다. 바로 "인류가 발생시킨 영향이 광범위한 효과를 낳아 층서적으로 유의미한 매개변수"로 나타나고, 그에 기반하여 새로운 지질시대를 인정할 수 있는지를 검토하는 과업이었다. 달리 말해, 인류세실무단은 잠재적인 인류세 층서의 하부 경계를 확인하고 이상적으로는 새로운 GSSP를 통해 확인함으로써, 지질시대인 제4기를 더 세분화하는 안건을 검토하게 되었다. 같은 해에 인류세실무단은 단장인 잘라시에비츠를 포함하여 16명의 단원으로 구성되었는데, 그중 절반은 층서학자였고 다른 절반은 인간이 초래한 지구적 변화를 다루는 여러 분야의 환경과학자였다. 파울 크뤼천, 윌 스테판, 그리고 이 책을 쓰고 있는 나 자신도 실무단 단원이었다. 심지어 해양법 전문가인 변호사 다보르 비다스(Davor Vidas)도 포함되어 있었다. 인류세실무단은 별도의 연구비도 없이 시간제로 참여하면서 서서히 과업을 시작했다. 앞의 여러 지질시대와 달리, 인류세를 인정하기 위한 층서학적 근거를 찾기 위해서는 필요한 작업이 있었다. 바로 "지질학적 과거의 환경적 교란 작용과 인간활동으로부터 유래하는 현재 환경변화의 정도 및 비율을 비판적으로 비교" 하는 것이었다. 층서학계 입장에서 이것은 새로운 종류의 요구사항이었다. 이전 시대와는 달리 층서학적 기록으로 남을 수 있는 최근의 지구 변화는 자연적이든 인공적이든 극도로 많았다. 지구적 기후변화, 대기권의 구성 성분 변화, 해양화학 구성 변화, 생물다양성 상실, 환경오염, 토양부식 증가, 그리고 여러 지역 전체를 가로지르는 대규모의 경관 변화에 이르기까지 무척이나 다양했다. 이렇게 방대한 자료를 헤집는 작업은 목표달성을 쉽게 만들기보다는 오히려 어렵게 만든다. 또한 지질과학계 내부에서는 인류세를 공식화하는 것이 과연 유용한지 의문을 제기하기도 했으며, 이것은 여전히 논란거리로 남아 있다. 다행히 공식 GSSP를 제시해야 하는 시점까지는 아직 여러 해가 남아 있다.

"우리는 지금 인류세에 살고 있는가?"라는 잘라시에비츠의 질문은 아마도 가장 어려운 문제는 아닐 것이다. 인간에 의한 지구의 변화가 진행되고 있으며 그 층서학적 증거가 매우 많다는 점을 인정하는 데 있어 과학자들은 이견이 없다. 따라서 인류세실무단이 실제로 직면하고 있는 문제는 인류세가 지질 시대로 인정되어야 하느냐 마느냐의 문제라기보다는 언제 어떤 근거로 인정되어야 하느냐의 문제다. 인류세는 퇴적층이나 빙하 혹은 여타 물질들의 층 안에서 GSSP로 식별될 수도 있고 연대기적으로 GSSA에 의해 정의될 수도 있다. 황금못, 즉 GSSP를 통해서 지질학적 '세'를 정의하는 접근이 확실히 가장 선호되기는 하지만, 인류세를 '세'가 아닌 '절'이나 '기'로 조정할 가능성도 있다(그림 13). 인류세를 식별하는 지표도 이미 여러 가지가 고려 대상으로 올라와 있다.

파울 크뤼천은 인류세를 18세기 후반 및 산업혁명과 연결시켰다. 대기 중 이산화탄소 농도를 홀로세의 전형적인 수치보다 더 높이기 시작한 화석연료 연소에 주목한 것이다. 크뤼천의 초기 제안을 발전시키면서, 윌 스테판은 인간활동에서 '거대한 가속'이 일어났던 20세기 중반을 인류세의 주요 시발점으로 주장하기에 이른다. 지질학자 윌리엄 러디먼(William Ruddiman)은 인간이 농업을 위해 토지를 광범위하게 개간한 결과 이산화탄소와 메탄이 배출되었고, 이로 인해 잠재적으로 지구적 기후변화가 초래되었을 가능성이 있으므로 산업혁명보다 수천 년 전에 이미 인류세가 시작되었다고 제안하기도 했다. 이 제안들이 모두 인류세의 GSSP 후보를 제시하기

(a) 2012년판 공식 지질시대

					0
신생대 Cenozoic Era	제4기 Quaternary Period	홀로세 Holocene Epoch			0.0117
		플라이스토세 Pleistocene Epoch	후기 Upper	타란토조 Tarantian Stage	0.126
			중기 Middle	이오니아조 Ionian Stage	0.781
			전기 Lower	칼라브리아조 Calabrian Stage	1.806
				젤라조 Gelasian Stage	2.588
	네오기 Neogene Period	플라이오세 Pliocene Epoch	피아첸차조 Piacenzian Stage		3.600
			잔클레조 Zanclean Stage		5.333
		마이오세 Miocene Epoch	메시나조 Messinian Stage		7.25
			토르토나조 Tortonian Stage		11.63
			세라발레조 Serravallian Stage		13.82
			랑에조 Langhian Stage		15.97
			부르디갈라조 Burdigalian Stage		20.40
			아키텐조 Aquitanian Stage		23.03

(b) 첫번째 대안

					0
신생대 Cenozoic Era	제4기 Quaternary Period	인류세 Anthropocene Epoch			?
		홀로세 Holocene Epoch			0.0117
		플라이스토세 Pleistocene Epoch	후기 Upper	타란토조 Tarantian Stage	0.126
			중기 Middle	이오니아조 Ionian Stage	0.781
			전기 Lower	칼라브리아조 Calabrian Stage	1.806
				젤라조 Gelasian Stage	2.588

13. 인류세를 포함하기 위해 제안된 제4기의 시대 구분 수정안. (a) 현재의 공식 지질시대(GTS 2012, 단위는 100만 년). (b) 첫번째 대안. 홀로세가 끝난 다음 인류세가 시작되는 것으로 설정. (c) 두번째 대안. 홀로세가 인류세로 대체되는 동시에 홀로세를 플라이스토세 아래 절 단위로 격하(현재 인류세실무단은 이 대안을 고려하지는 않고 있다). 〔시간층서 단위인 조(組, stage)는 지질시대 단위인 절(節, age)에 해당하는 지층에 붙여짐—옮긴이〕

(c) 두번째 대안

					0
신생대 Cenozoic Era	제4기 Quaternary Period	인류세 Anthropocene Epoch			?
		플라이스토세 Pleistocene Epoch	후기 Upper	홀로조 Holocenian Stage	0.0117
				타란토조 Tarantian Stage	0.126
			중기 Middle	이오니아조 Ionian Stage	0.781
			전기 Lower	칼라브리아조 Calabrian Stage	1.806
				젤라조 Gelasian Stage	2.588

는 했다. 그러나 실용적이고 층서학적인 관점에서 볼 때, 상대적으로 간단하고 명확한 근거에 기반하면서 지구적이고 등시적인 층서 지표를 제공한 제안은 하나뿐이었다. 1945년 트리니티 실험을 필두로 한 일련의 핵무기 실험으로부터 나온 방사능 낙진 확산이 바로 그 지표였다.

제 4 장

거대한 가속

윌 스테판을 비롯한 국제지권생물권계획 소속 연구자들에게 있어 인간이 지구 시스템의 작용을 바꿔놓고 있다는 주장은 그다지 새로운 것이 아니었다. 그 주장에 대한 증거는 수십 년 동안 축적되어 왔었다. 실제로 환경과학자들 사이에서는 그런 주장이 이미 주류로 자리잡았다. 스테판과 그의 연구팀은 1999년 국제지권생물권계획으로부터 지난 10년간의 지구 시스템 연구를 검토해달라는 과업을 받았는데, 그들이 직면했던 어려움은 그런 연구가 적어서가 아니라 오히려 너무 많은 데 있었다. 스테판의 연구팀이 맞닥뜨린 난관은 수천 편의 논문과 보고서를 지구 시스템 과학의 관점에서 지구적 환경변화에 대한 논리정연한 요약으로 종합하는 일이었다.

인류세에 대한 크뤼천의 전망에 영감을 받은 스테판의 연구팀은 인간이 산업혁명과 함께 촉발한 지구 시스템의 변화에 초점을 두었다. 그들은 제임스 와트가 증기기관을 개량하기 이전인 1750년부터 시작된 인간활동 및 환경변화에 대한 기록을 수집하였고, 2000년대까지 이어지는 그 변화의 역학을 도표로 나타냈다. 인간이 지구 시스템을 변화시켰다는 점은 예상처럼 확증되었지만, 그들이 발견한 증거들은 무척 놀라웠다.

이제는 고전적 문헌이 된 2004년 국제지권생물권계획 보고서 『지구적 변화와 지구 시스템: 압박받는 행성』에서 스테판의 연구팀이 보여준 바는 산업혁명이 점진적으로 속도를 내서 전 세계로 확산된 다음 지구의 변화가 연속적으로 증가했다는 것이 아니었다. 자료에 따르면, 인간활동 및 환경변화의 속도는 점진적이기보다는 오히려 20세기 중반 이후 극적으로 증가했다. 스테판 팀의 연구 결과는 각각 12개의 그래프가 있는 두 세트의 도표로 요약되었는데, 이 도표를 보면 스테판 팀이 검토한 거의 모든 인간활동 및 지구 시스템 양상에서 1950년 무렵 놀랄 만한 변곡점이 나타났으며, 1950년 이후의 변화율은 훨씬 더 급격해지고 어떤 경우에는 거의 기하급수적이었다(그림 14, 그림 15).

지구 시스템 과학이 전달하는 메시지는 명확했다. 1950년

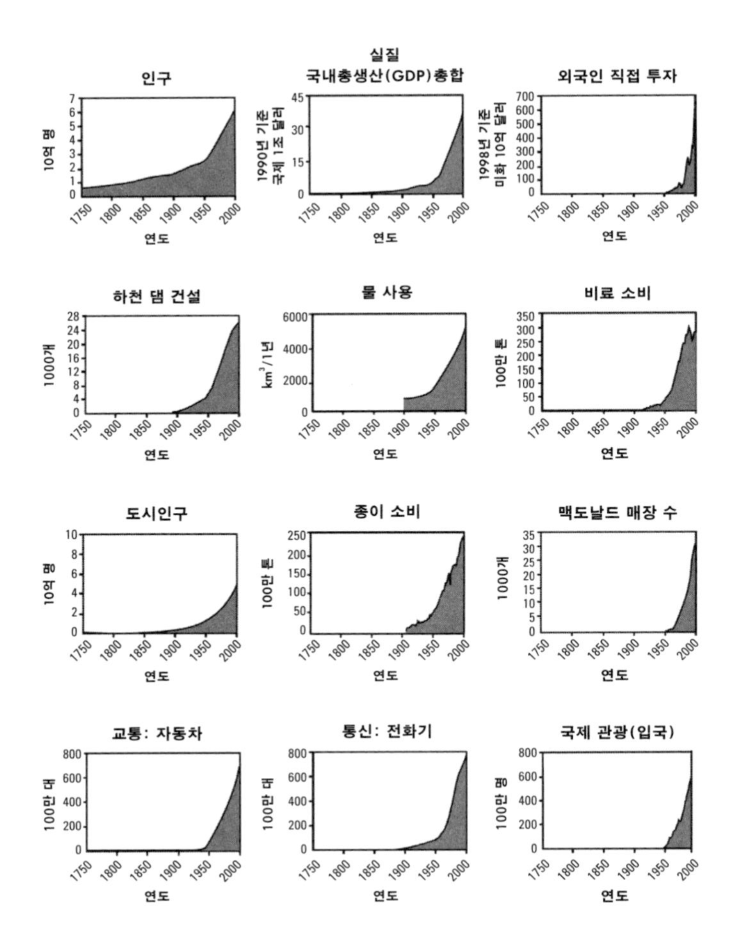

14. 거대한 가속: 1750년 이후 인간활동의 변화.

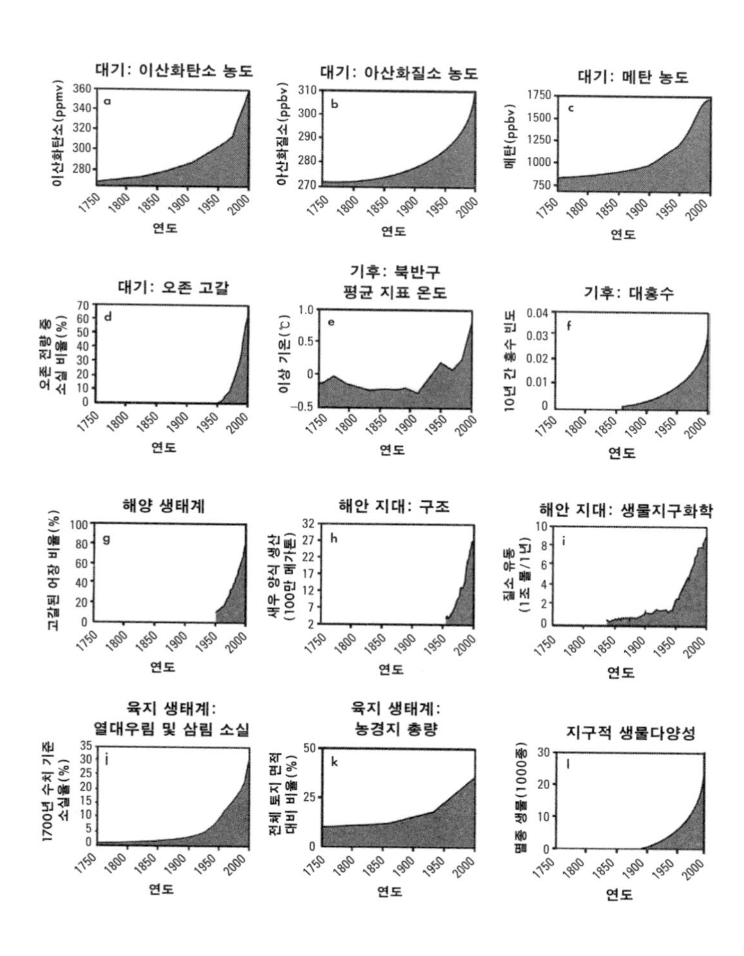

15. 거대한 가속: 1750년 이후 지구 시스템의 변화.

대부터 시작해서 인간은 지구 시스템의 작용을 새롭고 전례 없는 상태로 변환시키기 시작했다. 스테판 팀은 보고서에서 다음과 같이 서술하였다.

> 의심할 바 없이 지난 50년 동안 자연과 인간의 관계는 인류 역사상 가장 빠른 속도로 바뀌었다. (…) 인간이 촉발한 변화의 규모, 공간적 범위, 그리고 속도는 인류 역사에서 전례가 없었으며, 아마 지구 역사의 차원에서 보아도 그럴 것이다. 지구 시스템은 이제 기존 자연계에서 나타나던 변이 범위를 넘어섰다는 의미에서 '유사체 없는 상태'로 작동하고 있다.

칼 폴라니(Karl Polanyi)의 『거대한 변환』에 비유하여 2005년 '거대한 가속'이라는 말이 만들어졌고, 이 용어는 과학자들 사이에서 20세기 중반 인간이 초래한 극적인 지구적 환경변화를 묘사하는 용어로 흔히 쓰이기 시작했다. 그 변화를 보여주는 도표들은 이내 과학 공동체 내부와 외부 모두에서 인류세를 상징하게 되었다. 지구 시스템의 관점에서 볼 때 인류세는 20세기 중반에 시작된 것이다.

압박받는 행성

스테판 팀의 보고서 『압박받는 행성』은 지구 시스템의 변화를 이해하기 위한 기초로 다양한 영역에서 발생한 인간활동 및 환경변화를 제시하였다. 이로써 그들은 지구 역사에 새로운 시대를 설정해야 한다는 주장에 근거를 제시했을 뿐 아니라, 전체 지구 시스템에 영향을 미치는 복잡하고 원인이 다원적이며 시스템 차원에서 인간이 촉발한 지구적 환경변화를 이해할 필요가 있다는 점을 입증하였다. 인간은 단순히 지구의 대기권과 기후를 변화시킨 것에 그치지 않았다. 인간은 생물다양성을 지구적으로 감소시켰고 농업활동을 하면서 유출한 비료로 해양을 오염시켰으며, 바다로 가는 강의 흐름을 바꾸어놓았고 전 세계에 걸쳐 자연 서식지를 변화시켰다. 인간이 지구 전체 환경에 미친 영향을 단순히 화석연료 연소나 공업용 화학물질 생산만으로 환원할 수는 없다. 인구 증가, 농업을 위해 땅을 '길들이는' 일, 경제개발, 심지어 외국인 직접 투자도 지구 시스템의 작용을 바꾸는 온갖 추동력 혼합체의 일부였다. 인간이 초래한 지구적 환경변화는 다차원적인 과정인 셈이다. 게다가 여러 차원들 사이의 상호작용, 그리고 국지에서 일정한 규모의 지역을 거쳐 궁극적으로 전 지구로 나아가는 누적 효과는 지구 시스템 전체에 예상치 못한 결과를 가져온다. 그래서 주요한 원칙 하나가 제안되었다.

우리 행성이 '인류세'로 이행하는 것을 관측하는 기반인 지구 시스템의 관점에서 인간이 초래한 변화가 지구적 파장을 가져온다는 점을 인정하려면, 인간이 정말로 지구 시스템으로 하여금 '자연적 변이 범위'를 넘어서 '유사체 없는 상태'로 진입하게 만들었다는 점을 증명해야 한다. 기온이나 대기 중 이산화탄소 농도와 같은 지구 시스템 속성의 '자연적 범위'가 어느 정도인지 알아내려면 한 번 추정할 때 50만 년 혹은 그 이상에 걸친 장기적인 변이 유형을 관찰한 후 특징을 변별해야 한다. 그다음에는 실제로 인간활동이 지구 시스템의 속성들을 자연적 범위 밖으로 떠밀어냈다는 것을 입증할 증거가 필요하다. 국지적인, 심지어는 꽤 넓은 지역 하나에 대한 환경 변화 증거만으로는 충분치 않다.

땅을 길들이기

인간은 1만 년보다 더 이전부터 농경과 정착을 위해 땅을 사용하기 시작했다. 그렇지만 인간이 사용할 수 있도록 땅을 전환하는 규모, 범위, 강도, 비율은 모두 산업 시대로 들어서면서 극적으로 증가하였다. 인간이 현재 전 세계의 토지 중 어느 정도를 사용하고 있는지 확실하지는 않지만, 일반적으로 얼음으로 덮이지 않은 육지 표면 중 40%에서 50% 정도를 농업, 임업, 주거지를 위해 사용하고 있는 것으로 추정된다. 지구 육지의 대략 11%가 작물 경작에 사용되고 25%가 목초지 및 가축 방목에 쓰이며, 약 1%에서 3% 정도가 도시나 여타 정착지, 그리고 기반시설을 위해 사용된다. 목재, 연료, 종이, 고무 등 여러 생산물을 위해 조성, 관리되는 삼림지대는 지구 육지의 2%에서 10%를 차지한다. 이렇게 직접적이고 집약적으로 사용되는 토지를 제외한 나머지 토지 중에서 적어도 절반 혹은 그 이상이 국지적인 연료 채굴, 수렵, 식량 채집, 오염 등 인간활동의 영향으로 인해 바뀌고 있다. 결과적으로 육지 생물권의 4분의 3이 직간접적으로 인간의 토지 사용 때문에 변화했다고 할 수 있다. 직접적인 인간의 영향으로부터 자유로운 곳은 육지 생물권의 4분의 1도 안 되는데, 대부분 더 춥고 척박하며 건조한 지역들이다. 일부 열대 지역도 포함되는데, 그런 곳에서는 풍토병과 여러 가지 장애물 때문에 인간의 정착이 제한되었다.

인간이 땅을 사용해서 환경에 미치는 결과는 온실가스 배출, 환경오염, 토양침식, 자연 서식지 소실, 생물 멸종, 외래종 도입 등 매우 다양하다. 그렇지만 작물을 기르기 위해 땅을 개간하고 경작하는 일보다 환경을 더 크게 변화시키는 단일 활동은 없을 것이다. 보통 불을 피우면 이산화탄소가 배출되고 해당 지역 식생이 제거된다. 이후 토양이 노출되면 침식과 유실로 이어진다. 토지 교란, 경작, 습지 배수는 토지의 풍부한 유기물이 분해되도록 만들면서 더 많은 양의 이산화탄소를 배출시킨다. 쌀을 생산하기 위해 토지에 물을 대면 많은 양의 메탄가스가 방출되는데, 개별 메탄가스 분자가 온실 효과를 통해 온도를 상승시키는 힘은 이산화탄소의 10배나 된다(그래도 메탄가스가 이산화탄소보다 대기 중에 머물러 있는 시간이 짧기는 하다). 질소 함유량이 높은 비료(퇴비나 합성 비료 모두)를 사용하면 아산화질소가 배출되는데, 아산화질소는 이산화탄소와 비교해 분자마다 온도 상승 잠재력이 100배나 더 높은 온실가스이며 심지어 화학적으로 안정적이기까지 하다.

비료 사용으로 발생하는 부영양화(플랑크톤이 비정상적으로 번식하여 수질이 오염되는 일)는 연못, 호수, 개울, 강, 하류의 해안 지역 등을 오염시킨다. 여기에 더해 살충제와 제초제 사용은 농경지 안팎의 생물종을 위협한다. 축산업을 통해 길러지는 가축은 직접적인 경쟁자가 됨으로써, 혹은 인간이 인위적으로 가축의 경쟁자나 포식자를 통제함으로써 토착 초식동물을 대체한다. 많은 경우 가축을 위한 식생을 비옥하게 조성하려는 목적으로 토지의 잡목을 제거하기도 한다. 한편 집약적인 대규모 가축 사육 체계('공장식 축산')를 운영하면 가축 배설물이 대량으로 나오는데, 그에 따라 메탄이나 여타 온실가스가 배출된다. 이 과정은 작물이 재배되는 경작지의 경우와 유사하지만, 종종 더 집중적이고 위험한 방식으로 환경을 오염시킨다. 식용으로 사육되는 닭은 현재 지구에서 가장 개체수가 많은 조류이며, 소의 바이오매스(특정한 어떤 시점에 특정한 공간 안에 존재하는 생물의 양)는 인간을 포함한 여타의 모든 살아 있는 척추동물의 바이오매스를 합친 것보다도 더 크다.

농업지대와 도시가 가져오는 지구적 충격은 온실가스 배출, 토양 변화, 수질오염, 토양오염, 대기오염에 그치지 않는다. 이 충격으로 인해 토착 서식지와 토착 생물종은 변화하고 대체되며 축출당하고 있다. 저강도의 토지 사용, 예컨대 방목이나 삼림이 다수의 생물종에 끼치는 영향은 상대적으로 적을 수도 있다. 그러나 그런 경우에도 인간의 영향에 민감한 생물종은 자연 서식지를 완전히 상실하고, 종의 생존에 필요한 최소 개체수를 유지할 수도 없을 만큼 자원 조달에 어려움을 겪는다. 동시에 인간은 여러 생물종을 의도적으로 작물, 장식 도구, 반려동물로 이용하고 다른 야생종을 제어하는 목적에 쓰기 위해 전 세계 각지로 옮겨 도입했다. 물론 의도치 않게 특정 종이 인간의 교통 연결망에 편승해서 같이 이동한 경우도 있다. 비록 대부분의 외래종이 번식에 실패하거나 소수의 개체군만 형성했지만, 어떤 외래종은 빠르게 침투하여 새로운 경관에 거대한 개체군을 형성하고 토착종을 대체하였다. 이런 현상은 인간활동에 의해서 이미 경관이 바뀐 경우에 더욱 두드러졌다. 자연 서식지 소실, 수렵, 식량 채집, 오염, 외래종 침입, 그리고 다른 여러 가지 인간의 압력이 결합하여 취약한 생물종을 멸종위기로 내몰고 있으며, 이는 급속한 지구적 생물다양성 상실로 이어지고 있다. 1950년보다 훨씬 이전부터 농업 및 정착지를 위한 토지 사용 때문에 전 세계의 주요 지역이 변모하기는 했지만, 산업경제 발달로 인해 고영양 식단이 확산되고 인구가 증가하면서 토지 사용 규모는 지구적으로 급속하게 팽창하였고 토지 사용 강도도 광범위하게 높아졌다. 여기에는 관개시설 사용과 농업용 화학물질의 사용 증대도 포함된다.

수권

인간이 수권에 공학적으로 개입하기 시작한 지는 5000년이 넘었다. 관개 배수로, 운하, 댐, 저수지 건설, 강과 개울의 물줄기 변경, 지하수 추출을 위한 우물 파기 등 여러 용수 통제 체계들이 농업생산 및 정착 주거를 위해 고안되었다. 그중에서 인간이 가장 많은 물을 사용하는 곳은 현재 시점에도 여전히 관개시설이다. 2000년 기준으로, 인간이 공학적으로 만든 체계로 약 5000km^{3}의 물이 통과하는데, 그중 농업용수는 60%에서 75%를 차지한다. 매년 약 4만km^{3}의 담수가 대륙

곳곳을 거쳐 바다로 흘러가고 있지만 물 분포의 계절적이고 지리적인 변동 때문에 인간 사회가 접근할 수 있는 담수의 양은 그 3분의 1에도 못 미친다. 결과적으로 인간 사회는 자신들이 쓸 수 있는 재생 가능한 담수 중 거의 절반 가까이를 이미 사용하는 중이다.

댐, 저수지, 논, 그리고 여타 저수시설을 건설하면 육지에 물을 보관하는 장소가 많아지고 물이 바다로 흘러가는 속도가 느려진다. 한편 농업이나 개발 목적으로 습지를 배수하면 반대 결과가 나온다. 농업과 임업 목적으로 개간을 하고 기반시설을 건설하면 식생에서 대기로 방출되는 물의 양이 변한다. 즉, 토양에 식생을 조성하는 활동과 농지를 경작하는 활동은 서로 반대 방식으로 작용하며, 그에 따라 토양 및 지하수의 물 보유량과 배출량 사이의 균형이 달라진다. 용수 체계를 바꾸면 인간뿐 아니라 일정한 물의 흐름에 의존하던 어류나 기타 수생종 및 육생종이 사용할 수 있는 물의 양도 바뀐다. 또한 단순히 물의 양뿐 아니라 계절 혹은 장소에 따른 사용 가능성도 달라진다. 댐을 비롯한 다른 배수시설은 퇴적물과 오염물이 바다로 이동하는 것을 제한하는데, 이는 상류 지역에 유해물질이 누적되고 해안 지역에는 퇴적층이 감소하는 현상으로 이어지며, 결국 토양이 침강하거나 해안 지역 기반시설이 해수면 상승에 취약해지는 문제를 낳는다.

오랫동안 인구와 식량 수요가 증가하면서 담수 사용도 증가해왔다. 1950년 이후 이 경향은 더욱 가속화되었다. 20세기 후반에는 지속 가능하지 않은 방식으로 급격하게 지하수를 추출해서 사용하였고(최근 들어서는 약간 감소하기는 했다), 농업과 전력 생산을 위해 대규모 댐을 건설하는 프로젝트가 추진되기도 했다. 전 대륙에 걸쳐 인간에 의한 수권의 변동이 가속화된 셈이다. 산업용 화학물질과 부영양화로 인해 지표수와 지하수가 오염되고 사용할 수 있는 담수의 양도 줄어들었다. 결과적으로 1950년대 이후 육지의 수권, 즉 지구의 담수 체계는 인간의 활동으로 인해 심각하게 바뀌었으며, 사용 가능한 담수를 확보하는 문제는 심각한 지구적 관심사가 되었다.

생물권

농업이 등장하기 훨씬 전부터 인간은 생물권을 바꿔놓기 시작했다. 심지어 홀로세 이전에도 수렵 및 채집 활동은 육지, 담수, 해양에 사는 생물종에 압력을 가했다. 그래서 국지적으로 개체가 감소하거나 지구적으로 멸종해버린 생물종도 다수 있었다. 비록 농업의 등장이 이런 압력을 어느 정도 대체하기는 했지만, 인구가 증가하고 확산됨에 따라 수렵 및 채집에 의한 압력은 대체로 증가했다. 육생종은 농업의 전파와 함께 줄어드는 서식지로 후퇴해갔다. 서식지 상실은 비포식(non-prey) 동물의 개체수를 감소시키고 멸종 단계로 이어지는 데 가장 주요한 요인이었다. 반면 수생종의 경우는 다르다.

담수 생물종을 포함한 해산물에 대한 사회적 수요가 증가해왔기 때문에 담수, 해안, 해양 환경에서 서식하는 자연종을 수확하려는 강한 압력도 지속해왔다. 그렇지만 일부 담수 지역이나 해안가 지역을 제외하면, 전통적인 수렵 및 채집 압력은 대규모 개체 감소나 멸종을 초래할 정도로 강하지는 않았다. 넓게 탁 트인 해양은 별로 영향을 받지 않은 상태로 남아 있었다. 그러나 산업형 대규모 어업, 즉 '공장식 선박' 함대가 온 바다로 확장되면서 모든 것이 변했다. 1950년대 이후 인구가 증가하고 해산물에 대한 수요가 늘면서, 어업 역시 그 규모나 강도 면에서 성장하였으며, 여기에는 해저를 훑고 지나가는 대규모 저인망의 사용도 포함된다. 동시에 농업 부산물이 유입되고 도시 지역 및 기타 기반시설 건설로 인해 해안 지역의 생태 서식지가 점차 변화했다. 한 예로 맹그로브를 비롯한 습지 체계가 사라지면서 생물종이 번식하는 데 꼭 필요한 지역이 변해버렸다.

자연 서식지를 소실시키고 생태계를 직접적으로 파괴한 것에 더해, 인간은 물을 오염시키고 질소와 인(燐)의 생물지구

화학적 순환을 변화시킴으로써 생물권 전체의 작동과 멸종률에도 영향을 끼쳤다. 납에서 DDT에 이르기까지, 물을 통해 퍼진 독성 산업 오염물은 생물종에 직접 해를 입히기도 했고, 먹이사슬을 거치며 축적된 독성물질 때문에 오염된 먹이를 포식자가 섭취하는 방식으로 간접적인 해를 입히기도 했다. 놀랍게 다가올 수도 있겠지만 영양분 과잉도 문제가 된다. 활성질소와 인 형태로 나타나는 부영양화는 수생종과 그 서식지에 독성 오염물과 유사한 효과를, 어떤 경우에는 훨씬 더 극단적인 효과를 초래하기도 한다.

질소와 마찬가지로 인 역시 작물 생장을 제한하는 요인, 즉 한계 영양소다. 소량이 필요하기는 하지만, 1950년대 이후 활성 상태의 인(PO_4 같은 다양한 형태의 인산염)이 급격하게 대량으로 채굴되고 가공되면서 인이 비료용으로 널리 사용되었다. 과도한 양의 인은 흙 입자와 대부분 결합하여 담수 개울, 강, 연못, 혹은 호수로 내려가면서 영양분을 풍부하게 한다. 이 과정이 바로 부영양화다. 부영양화는 미세식물, 조류(藻類), 식물성 플랑크톤, 그리고 광합성 박테리아(시아노박테리아)의 성장을 촉진한다. 결과적으로 조류와 시아노박테리아가 대량으로 발생하면 빛이 차단되어 물속으로 들어가지 못하고, 해저와 호수 바닥의 자연 서식지를 유지하는 데 꼭 필요한 해조류나 여타 식물들의 성장이 억제된다. 부영양화된 물은 종종 톡 쏘는 듯한 냄새와 함께 녹색을 띠는데(시아노박테리아가 번성하면 냄새가 지독함), 이 현상은 농업지대와 해안지대에서 흔히 발견되며, 인 함유량이 높은 도시 하수나 가축 배설물이 정제되지 않고 유입된 물에서도 발견된다. 질소 성분이 함유된 강물이 바다로 유입되는 해안 지역에서는 활성질소가 위에 설명했던 것과 유사한 부영양화를 가져온다. 담수에서는 질소가 한계 영양소인 경우가 드물지만, 해수에서는 질소 자체가 극도로 희소하므로 부영양화가 나타난다. 그래서 가장 극단적인 부영양화 사건은 주로 해안가 근처에서 벌어진다. 질소 과잉으로 인해 조류가 대량으로 발생하고, 이것이 가라앉아 분해되는 과정에서 너무 많은 양의 산소를 소비해서 바다 생물이 숨을 쉴 수 없는 '데드존(dead zone)'이 해안 지역에 형성되는 것이다. 홍조(紅藻)와 같은 독성 조류의 대량 발생은 1950년대 이후 담수 지역이나 해안 지역 모두에서 급증해왔다.

인간이 생물권 전역에서 여러 생물종과 생태학적 과정에 부과하는 압력은 1950년대 이후 극적으로 증가했다. 인간은 토지를 사용하여 자연 서식지를 대체하고 오염시키는 동시에 그곳에서 서식하던 야생종을 점점 더 많이 착취해왔다. 이런 모든 요인이 합쳐져서, 인간활동으로 인해 육지 및 바다 생물이 멸종하는 비율, 특히 동물이 멸종하는 비율은 1950년대 이후 막대하게 증가하였다. 이는 지구 역사 대부분의 시기 중 어느 시기와 비교해보아도 훨씬 높은 수준이다.

질소

인간이 지구를 변화시켰다는 주요 증거로 종종 지구 탄소 순환계의 변화가 제시되곤 한다. 그러나 인간이 질소의 생물지구화학적 순환계에 초래한 변화가 훨씬 더 심각하다고 판단할 수 있는 여러 가지 근거들이 있다. 화석연료는 그중 일부에 불과하다. 타의 추종을 불허할 정도로 인류가 거대한 지구적 변화를 일으키게 된 주원인은 바로 산업공정이다. 산업은 지난 반세기 동안 전례없는 인구 증가를 지탱할 수 있도록 해주었지만, 동시에 자연적으로 생성되는 것보다 많은 양의 활성질소를 만들어냈다.

질소는 단백질의 기초 성분이며, 식재료가 되는 재배작물을 포함하여 모든 살아 있는 유기체에 없어서는 안 될 필수 영양물질이다. 또한 질소 비료는 한정된 토지에서 작물 산출량을 증대시킨다. 만약 산업적으로 합성된 질소 비료가 없었다면 현재의 70억 인구나 2100년 예상치인 110억은 고사하고 1970년 이후 이미 40억이 넘어버린 인류의 식량 수요를 결코 맞출 수 없었을 것이다.

질소는 매우 안정적이고 비활성을 띠는 기체 형태로 대기 속에 존재하며, 대기 중에서 양이 가장 많은 원소다(용적으로 할 때는 78%). 놀랄 수도 있겠지만 질소는 육지와 바다에서 식물이 성장하는 데 필요한 가장 흔한 한계 영양소이기도 하다. 왜냐하면 식물은 (그리고 대부분의 박테리아는) 암모늄이온이나 질산이온과 같이 오직 활성이며 '가용한' 형태의 질소만을 흡수하고 사용할 수 있기 때문이다. 안정적인 질소 기체를 가용한 형태의 질소로 전환하는 과정에는 막대한 양의 에너지가 필요하다. 오직 소수의 박테리아만이 질소 기체의 분자결합을 끊고 암모늄이온을 생산하는, 즉 질소를 '고정'할 수 있는 전문화된 고에너지 물질대사 방식을 진화시켰다. 비록 암모늄이온을 질산염으로 쉽게 전환할 수 있는 박테리아가 많이 있기는 하지만 말이다. 더욱 우려할 점은 미생물이 질산염을 안정적인 질소 기체나 아산화질소로 변화시킬 때('탈질소 작용') 침출 및 유출 작용으로 인해 활성질소가 토양과 물에서 쉽게 유실되어 대기 중으로 날아간다는 것이다. 바이오매스를 수확하거나 태울 때, 혹은 유기체의 사체가 해저로 가라앉아서 햇빛이 비치는 수면에 있는 광합성 식물이 그곳에 닿을 수 없을 때도 마찬가지의 과정이 일어난다. 1910년 프리츠 하버(Fritz Haber)와 카를 보슈(Carl Bosch)의 연구가 나오기 전까지, 질소는 항상 공급이 부족했으며 작물 산출도도 낮았다. 비료용 활성질소를 얻을 수 있는 유일한 방법은 (새 배설물이 화석화된 구아노 퇴적층에서) 채굴하거나, 분뇨 혹은 바이오매스에서 확보하거나, 아니면 질소를 고정할 수 있는 박테리아와 공생관계를 이루는 콩과류 식물을 키우는 방법뿐이었다.

하버는 1918년 노벨상을 받았고 하버-보슈법은 지구의 질소순환을 바꿔놓았다. 하버-보슈법에 따라 많은 양의 에너지와 탄소(주로 메탄)를 질소 기체와 결합시키면 질소를 암모늄이온으로 고정할 수 있다. 암모늄이온은 비료에도 쓰이고 폭탄을 비롯한 여러 산업공정에서 쓰였다. 합성 질소 비료를 사용하면 때로 두 배 혹은 그 이상으로 작물 산출량이 급격히 증가하는데, 근대적으로 개량된 품종까지 심으면 산출량의 증가폭은 더 컸다. 이것이 바로 1950년대부터 시작하여 전 세계 농업으로 확산된 '녹색혁명'의 기초였다. 단위 토지당 생산성이 훨씬 높아졌기 때문에 농지를 확대하지 않고도 작물 생산량이 증가했다. 20세기 대부분에 걸쳐 농업토지의 이용이 확대된 이유는 가축을 더 많이 기르기 위해 사료용 작물을 생산해야 했기 때문이다. 한편 질소 비료의 과도한 사용으로 인해 지하수와 지표수가 질산염으로 오염되고, 사람들의 건강이 위협받는 문제가 생겼다. 또한 해안 생태계는 질소로 포화되고, 그에 따라 녹조현상이 크게 발생해서 데드존이 형성되는 문제도 나타났다. 비료를 사용한 밭에서는 아산화질소가 배

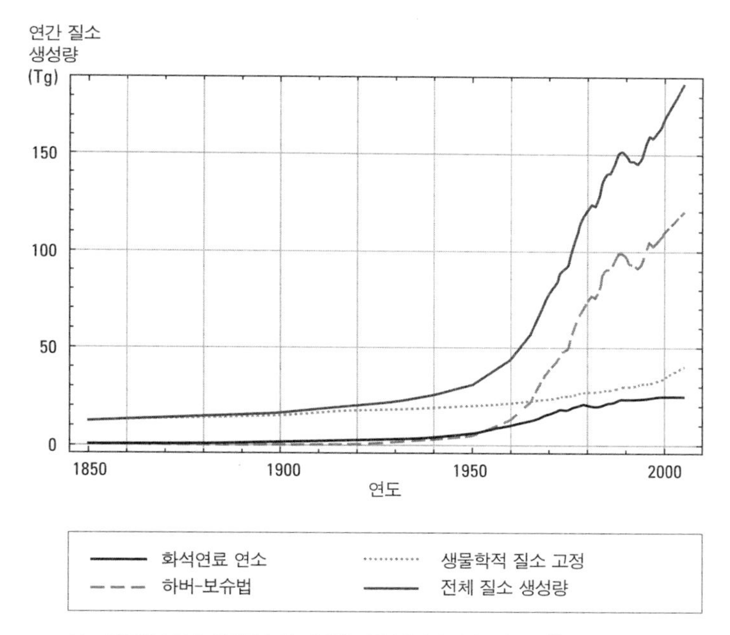

16. 1850년 이후 활성질소의 지구적 변화(단위인 테라그램은 10^{12} 그램).

출되는데, 이는 점차 대기 중 온실가스 문제의 주요한 원인이 되고 있다. 인공적인 질소 고정 작용에 더해서 석탄, 석유, 바이오매스의 연소도 질소 기체의 산성 형태인 산화질소(일산화질소, 이산화질소) 배출로 이어지고 있다. 산화질소는 산화황과 더불어 '산성비'를 만들어낸다. 1980년대와 1990년대는 석탄 발전소나 차량 엔진으로부터 배출되는 산화물질에 대해 적절한 규제나 통제가 이루어지기 전이었고, 당시 산성비는 광범위한 환경파괴를 초래했다.

비료로 사용하기 위한 인공적인 질소 고정 방법, 질소 고정 작물, 그리고 화석연료 연소는 이제 육지 생물권의 자연적 과정을 다 합친 것보다도 훨씬 더 많은 양의 활성질소를 고정시키고 있다(그림 16). 질소의 경우와 이산화탄소의 경우를 대비시켜보자. 만약 인간이 초래한 이산화탄소 배출량이 육지에서 나오는 모든 자연적 배출량보다 많게 만들려면, 수치를 10배로 증가시켜야만 한다. 그런 측면에서 볼 때, 질소의 생물지구화학적 순환 변화는 인간이 지구 시스템의 작용에 초래한 변화 중에서 가장 두드러진 사례 중 하나다(그림 17). 이러한 지구 시스템의 엄청난 변화를 초래한 산업공정은 20세기 이전에는 존재하지도 않았다. 1950년대부터 인공적인 질소 고정이 가속되었으며, 이는 인간에 의한 지구 변화가 전례없는 수준이 되는 데 일조하였다.

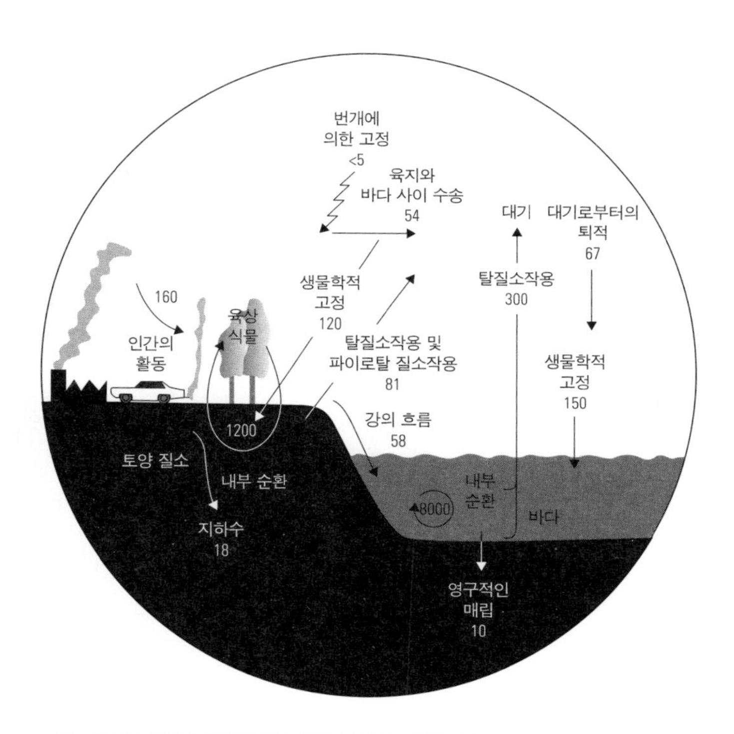

17. 질소의 지구적 순환(표시된 숫자의 단위는 테라그램).

대기권과 기후

인간 때문에 지구가 점점 더 빠르게 다른 상태로 옮겨가고 있다는 주장에 대한 가장 설득력 있는 증거는 인간활동에 의해 배출된 온실가스가 지구의 대기 및 기후에 영향을 미치고 있다는 것이다. 킬링 곡선이 발표된 것을 기점으로, 연구자들은 지구적 대기 변화를 면밀히 관찰하고 오랜 과거까지 거슬러올라가는 대기 변화의 추이를 자세하게 재구성하였다. 이산화탄소, 메탄, 산화질소는 모두 지난 세기에 걸쳐 가파르게 증가하여, 홀로세 전체를 놓고 봐도 전례없는 수준에 이르렀다. 염화불화탄소가 유일한 예외여서, 1950년대부터 1990년대까지 최고조에 달한 후, 성층권의 오존층을 보호하기 위한 국제협약이 발효되면서 단계적으로 사용이 금지되고 배출이 감소하였다. 이제 성층권의 오존층은 회복되고 있다.

시간이 흐르면서 대기 중 이산화탄소 농도는 줄곧 커다란 변이를 보였다. 그럼에도 인간이 초래한 이산화탄소의 농도 변화는 지질학적으로 최근 시기의 자연적 가변성 범위를 넘어섰다(그림 18). 오늘날의 이산화탄소 농도(400ppm 이상)는 지난 4만 년 혹은 그보다 더 오랜 기간의 어느 시점과 비교해 보아도 확실히 더 높다. 대기 온도의 변화율 역시 현재 예외적으로 높으며, 인간이 배출한 이산화탄소의 비율과 더불어 1950년 이후 점점 더 높아지고 있다(그림 19).

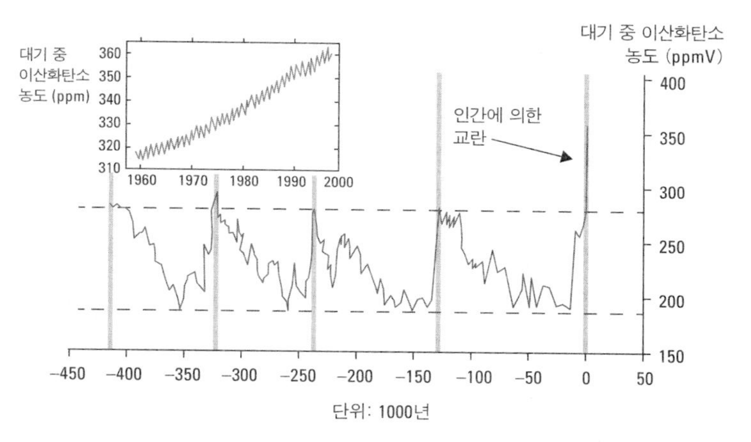

18. 지난 45만 년 동안 대기 중 이산화탄소의 변화. 과거에 비해 최근 급속도로 증가해왔음을 알 수 있다. 작은 네모 안에 있는 도표는 1960년 이후 관측된 변화를 자세히 보여주는 킬링 곡선이다.

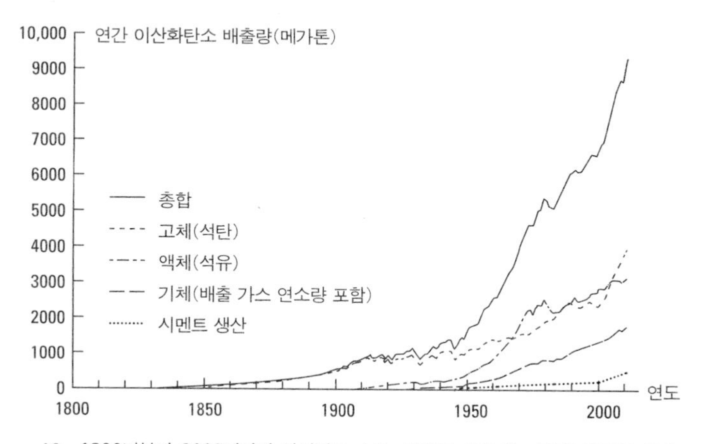

19. 1800년부터 2000년까지 화석연료 소비, 시멘트 생산 등 다양한 경로를 통해 인간이 배출한 이산화탄소 총량의 지구적 변화 추이.

지구 표면 온도의 평균값이 상승하는 현상은 인간이 대기 중에 이산화탄소를 비롯한 여러 온실가스를 배출하면서 일으킨 변화상을 바짝 따라가는 모양새로 나타난다(그림 20). 이런 밀접한 연관성을 고려해보면, 현대에 일어나고 있는 지구적 기온 상승을 다른 무엇보다도 온실가스 배출로 설명해야 한다고 주장하는 지구 시스템 시뮬레이션 모델이 더더욱 설득력 있게 다가온다. 게다가 지구 전체 기온의 평균값은 100년 전과 비교해 상당히 높고, 아마도 홀로세의 어느 시점과 비교해보아도 더 높을 것이다(그림 21). 인간에 의한 온실가스 배출량과 지구의 기온은 둘 다 점점 더 빨리 상승하고 있다. 독자가 이 책을 읽는 현재 시점의 지구는 약 10만 년 전 이상의 기간 중 어느 시점과 비교해보아도 평균적으로 더 더울 확률이 높다.

티핑 포인트

기후의 대규모 전환은 제4기에서 예외 현상이 아니라 정상 상태였다. 제4기에는 빙기에서 간빙기로 옮겨가는 시기가 12번 정도 있었다. 홀로세로 진입하기 전 마지막 간빙기였던 엠(Eemian) 간빙기 동안 지구는 상당히 더웠고, 이 간빙기는 약 11만 5000년 전쯤 끝났다. 반면 홀로세는 상대적으로 안정적

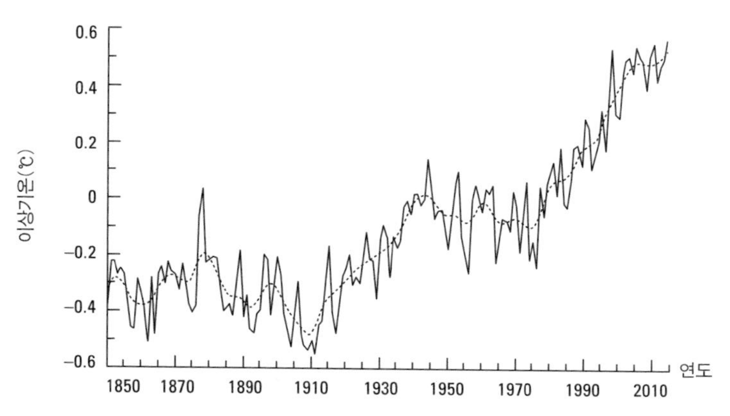

20. 1850년부터 2000년까지 지표면 온도의 지구적 변화. 1961년부터 1990년까지의 평균값에 대한 편차('이상기온')로 표현함.

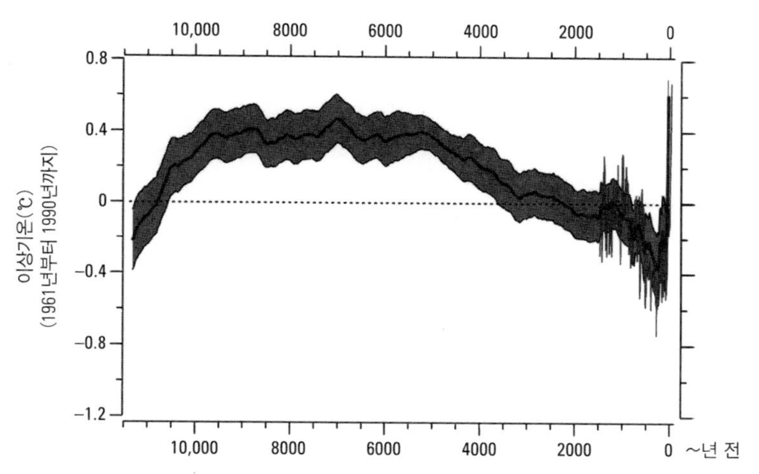

21. 홀로세 동안 지표면 온도의 지구적 변화(1961년부터 1990년 사이의 평균값과 비교한 이상기온).

이고 온화한 간빙기 기온을 유지했다. 비유하자면 홀로세는 기후의 극단이라는 바다 위의 기후가 안정적인 섬과 같다. 만약 지구의 기후 체계가 이렇게 상대적으로 안정된 상태를 벗어나면 잘 알다시피 인간 사회와 비인간 생명체 모두 파국에 직면할 것이 분명하다. 산업사회, 심지어는 농업사회 중 어떤 사회도 홀로세 이전에 흔하게 나타났던 기후 전환을 경험한 적이 없다. 그런데 1950년대 이후 가속화된 지구 시스템 변화는 단지 온실가스 배출이나 기후변화에만 그치지 않는다.

과거 지구 시스템이 움직였던 패턴으로 판단해볼 때, 지구 기후가 급속한 변동을 통해 '체제 이동'을 맞이할 가능성은 충분히 있다. 예를 들면 빙하기에서 간빙기로의 전환이다. 이 전환은 기온이 온난해질 때 일어나는데, 이는 태양으로부터 오는 에너지가 증가하면서 촉발되며, 생물권의 탄소 배출량 증가로 인해 강화된다. 온난해진 기온은 해빙이나 대륙의 빙하를 감소시키고, 여기에 여타 대내적 강화 피드백 작용이 더해지면서 결국 기후가 급격히 변하게 된다. 이는 지구온난화가 임계 온도 혹은 티핑 포인트를 넘은 경우에 해당한다. 시스템 변화를 스스로 강화하는 과정이 촉발되면서 결국 지구의 기후 시스템이 상대적으로 빠르고 비선형적이며 잠재적으로 복구할 수 없는 '단계 변화' 혹은 체제 이동으로 귀결되는 것이다. 지구가 빙하기와 간빙기 사이를 쌍방향으로 순환하는 것은 양쪽에 빙하기와 간빙기라는 '두 개의 안정 상태'를 가진 시스템을 표현하는 것이라고 말할 수 있는데, 사실 지구 시스템에는 일방향적인 체제 이동을 한 사례도 있다. 예를 들어 대규모 화산이 폭발하거나 운석이 떨어져서 생기는 먼지 때문에 태양광이 차단되어 지구 기온이 급속도로 낮아지기도 하고, 생물권 내의 진화적 변화로 인해 일방향적 체제 이동이 나타나기도 한다. 생물권 내의 진화적 변화로 인한 체제 이동 중 가장 눈에 띄는 것으로는 대기 중 산소 급증과 육상동물의 출현을 들 수 있다.

수십 년간 지구 시스템 과학자들은 인류세가 가져올 체제 이동의 가능성 때문에 우려해왔다. 이러한 체제 이동의 원리는 그릇 안에서 굴러다니는 공에 비유하여 설명해볼 수 있다. 공으로 표현되는 지구 시스템은 그릇 혹은 '인력(引力)의 분지'로 표현되는 가변성의 '자연적 범위' 안을 굴러다닌다(그림 22). 시스템이 안정적일 때(초중기 홀로세), 그릇은 깊고 폭이 좁다. 움직이는 속도가 빠르기는 하지만 공은 그 좁은 범위 안에서만 왔다갔다한다. 그릇 깊이가 얕아지고 공이 더 넓은 범위를 천천히 움직이면서 시스템 변화가 시작된다. 농업이나 공업 과정 때문에 생겨난 지구 시스템의 초기 변화는 그렇게 가변성 범위를 증가시켰다. 궁극적으로 시스템은 과거의 더 안정적인 상태(홀로세)를 영구적으로 떠나서 새롭게 덜 안정

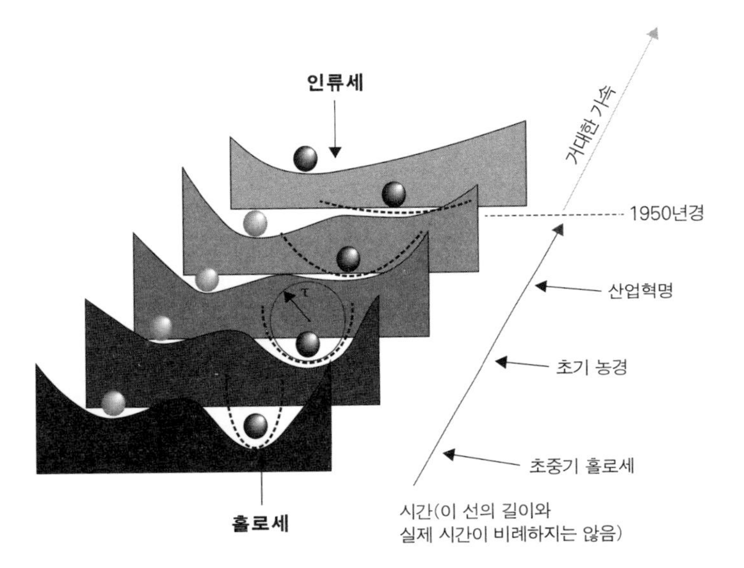

22. 공과 그릇 모형으로 나타낸 인류세에서 지구 시스템의 체제 이동. 오른쪽 그릇 모양은 안정적인 (홀로세) 인력 분지를 나타내며, 오른쪽 공은 지구 시스템의 상태를 나타낸다. 왼쪽 그릇과 공은 지구 시스템의 잠재적인 (인류세) 상태를 나타낸다. 인간이 만들어낸 힘이 점차 영향을 미쳐서 그릇 모양이 평평해지고, 마침내 구분이 사라지면서(약 1950년이 그 문턱임) 결과적으로 공이 왼쪽으로 넘어가(체제 이동) 잠재적인 미래의 인력 분지인 인류세 궤적으로 진입하게 된다.

적인 상태(인류세)로 진입한다. 현재 시점에서 명백한 점은 지구 시스템이 빠르게 홀로세에서 벗어나는 궤도로 들어섰다는 점이다. 홀로세와 비교하여 인류세가 궁극적으로 어떤 상태가 될지, 즉 상대적으로 얼마나 안정적이며 얼마나 오래 지속될지는 아직 속단하기 어렵다.

인간이 지구의 대기권, 수권, 생물권을 변화시키는 규모와 강도가 증가하고 있음을 볼 때, 확실히 지구 시스템이 인류세 상태로 체제 변환을 할 위험성도 증가하고 있다. 예를 들어, 온실가스의 농도가 급격하게 증가하면 지구는 매우 온난한 '온실 지구' 상태로 바뀔지도 모른다. 강화 피드백이 관여할 경우 그 가능성은 더욱더 커진다. 이를테면, 기온이 올라가면서 북극지방의 습지로부터 대기 중으로 대량의 메탄이 방출될 수도 있고, 해빙이 붕괴하여 해양에 열을 더 가두고 태양에너지 반사율을 감소시키는 효과가 나타날 수도 있다. 또다른 가능성도 있는데, 여기에는 인간에 의해 변동된 생물권이 취할 예측하기 어려운 반응도 포함된다. 게다가 이러한 체제 변환은 수천 년에 걸쳐 서서히 일어날 수도 있고 놀랄 만큼 급속도로 일어날 수도 있다. 어떤 경우이건 간에, 인간의 압력이라는 요인이 제거된다고 하더라도 지구의 기후 체계가 최종적으로 홀로세 상태로 다시 돌아갈 가능성은 거의 없다.

지구 시스템 과학의 관점에서 볼 때, 인류가 지구 시스템을 자연적 변이의 폭 밖으로 벗어나도록 강제했다는 증거가 있으며, 이런 증거는 인류세를 새로운 지질시대로 정의해야 하는 근거가 된다. 지구의 역사를 연구해보면, 그리고 지구 시스템의 작동을 관찰하고 모델화해보면, 홀로세에서 인류세로 지구 시스템이 체제를 전환할 가능성이 더욱 커 보인다. 지구 시스템이 우리가 알고 있는 홀로세의 상태를 벗어났음은 분명하다. 그렇지만 지구 시스템이 너무나 급격하게 변화하고 있어서 인류세의 미래 상태가 정확히 어떤 모습일지는 아직 미지수다. 그래도 지금보다 더 더워지고 해수면도 상승하리라는 점은 명확하다.

새로운 무엇

지난 반세기 동안의 환경적, 사회적 변화를 살펴보면, 지구가 인간 사회에 의해 크게 변화된 사실이 선명히 드러난다. 농경지와 정착지로 쓰려고 땅을 정리하는 작업으로 인해 지구의 지표면은 변해왔다. 댐은 강을 막았고 물의 흐름은 수권 전체에 걸쳐 헤집어졌다. 인간은 동식물을 전 세계로 이동시켰고, 자연 서식지를 없애거나 과도한 자원 개발을 통해 종을 멸종시키면서 생물권을 변화시켰다. 화석연료 연소, 질소 비료의 산업적 합성 등 인간의 활동은 광범위한 오염과 기후변화를 초래했고, 탄소와 질소 등 여러 주요 원소들의 지구적, 생물지구화학적 순환을 변화시켰다. 그 결과 인간은 지구 시스템의 거의 모든 권역에 자신의 흔적을 남기게 되었다. 지구의 기후는 이미 우리가 알지 못하는, 어쩌면 우리에게 파국적인 결말을 가져올 전대미문의 상태로 넘어가고 있으며, 그 흐름은 이제 돌이킬 수 없을지도 모른다.

국제지권생물권계획에 참여하고 있는 과학자 공동체와 윌 스테판은 '압박받는 행성'이라는 주제로 열린 학술회의 및 그 후속 연구 작업을 통해서, 인간이 지구적 환경변화를 초래했음을 나타내는 주류 과학적 서사로 '거대한 가속'이라는 개념을 정립하였고, 그 개념을 '인류세'로의 전이와 밀접하게 연결시켰다. 그렇지만 지구 시스템 과학자들을 경각시켰던 그 놀라운 가속은 이미 환경사학자들 사이에서도, 특히 존 맥닐과 같은 학자들에게 잘 알려진 내용이었다. 맥닐은 예지력이 돋보이는 책 『태양 아래 새로운 무엇』을 2000년도에 출간하였는데, 그 책에서 맥닐은 1950년 이후 20세기 후반에 걸쳐 사회적, 환경적 변화가 전례없는 규모와 강도도 가속화되었음을 기록하였다. 나중에 스테판, 크뤼천, 맥닐 세 사람이 합심하여, 인간이 1950년 이후 '자연의 거대한 힘'으로 부상하였고 지구 시스템이 인류세로 이행하고 있음을 설명하는 선구적인 서사로 '거대한 가속' 개념을 확립하였다.

거대한 가속은 복합적이고 원인이 다양하다는 서사를 통해 인류세 전환을 설명하고 있다. 즉, 사회적, 정치적, 경제적 변화 및 그 변화들 사이의 상호작용이 지역 규모에서 시작하여 지구적 규모에 이르기까지 다양한 환경적 결과를 가져왔음을 복합적으로 설명하고 있다. 물론 거대한 가속 개념을 이야기하는 학자들도 인간에 의한 환경변화가 오래전부터 있었다는 점을 인정하고는 있다. 심지어 특정 지역에서는 20세기 이전에도 인간에 의한 환경변화가 상당히 중요했다. 그럼에도 과거의 변화는 지구적 차원에서 볼 때 "환경의 자연적인 가변성 범위 안"에 머물러 있었다. 산업화 이전 시대에는 인간 사회가 결코 "자연의 거대한 힘에 맞설" 정도의 규모나 강도로 환경 변화를 초래하지 않았다. 그런 측면에서 볼 때 인류세는 농업과 함께 시작된 것도 아니고 심지어 산업혁명과 함께 시작된 것도 아니다. 1945년 이후 대규모 산업사회의 부상과 함께, 그리고 지구 전체 환경을 가속적으로 변화시키는 인간의 전례없는 능력과 함께 시작된 것이다. 20세기 중반에 이르면, 인간 때문에 지구 시스템 작용에 체제 이동이 유도될 정도로 인간의 압력이 심각한 수준에 도달하기 시작했다.

인류세실무단은 2016년 〈사이언스〉에 기고한 글에서 지구의 인류세 진입을 설명하는 주요한 과학적 서사로 거대한 가속 개념을 지지한다고 밝혔다. 20세기 중반에 지구가 인류세

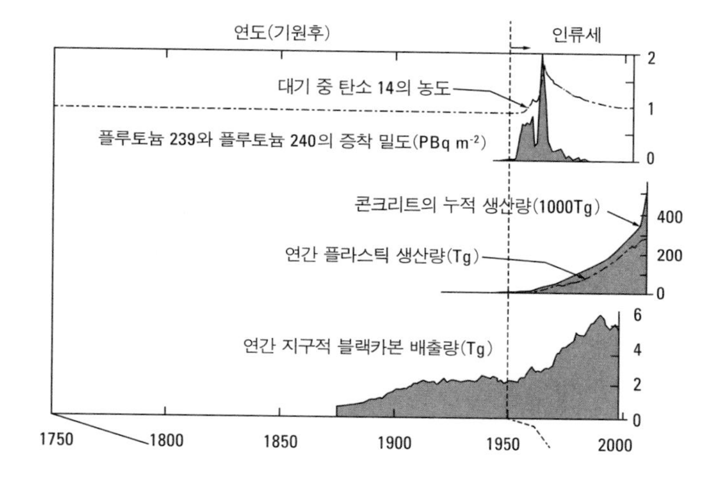

23. 인류가 초래한 변화의 새로운 지표들. 여기에는 콘크리트, 플라스틱, 지구적 블랙카본, 플루토늄 낙진, 대기 중 방사성 탄소 농도가 포함된다.

로 이행했다는 견해를 좇아, 인류세실무단은 인간활동이 남긴 주요한 층서적 증거를 찾는 데 초점을 맞추기 시작했다. 유력한 증거로는 1945년부터 시작하여 1963년과 1964년에 정점을 찍은 핵무기 실험 과정의 부산물, 즉 방사능 낙진 퇴적층이 있다. 또다른 유력한 증거로는 플라스틱 퇴적층, 그리고 화석연료의 불완전 연소 때문에 생기는 블랙카본을 들 수 있다(그림 23). 20세기 중반 이후 인류에 의해 가속화되고 있는 변화를 입증해주는 가장 확실한 층서적 증거와 GSSP를 찾는 작업은 아직도 진행중이다.

제 5 장

안트로포스 (Anthropos)

"정확히 언제 인간이 지구환경을 지배하게 되었는가?" 2013년, 고고학자 브루스 스미스(Bruce Smith)와 멜린다 제더(Melinda Zeder)는 학술지 〈인류세〉에서 이렇게 질문했다. 크뤼천이 인류세 개념을 제안하고 10년이 더 지난 후, 고고학자들도 처음으로 인류세를 정의하려고 시도한 것이다.

고고학자는 인간 세계에 대한 층서학자다. 고고학자는 인간 사회가 오랫동안 남긴 물질의 흔적을 읽어내는 전문가이며, 때로는 인류의 기원까지 거슬러올라가는 긴 시간을 다룬다. 지질학계에서 지구의 시간을 기록하는 층서학자처럼, 고고학자는 인류의 시간을 기록한다. 고고학자는 유물과 유적으로부터 인류의 사회사와 환경사를 재구성하려고 노력하는 것이다. 지난 수십 년 동안 고고학자들은 인간이 플라이스토세 후기부터 세계 곳곳에서 육지 환경을 극적으로 바꾸어놓았다는 데 대한 설득력 있는 증거를 상당히 많이 축적하였다.

인간이 지구를 변형시켰다는 증거가 탄탄한데도 고고학자들이 인류세를 다루기 시작하기까지 꽤 오랜 시간이 걸렸다는 점은 놀라워 보일 수 있다. 사실 인간의 시대를 인정해야 한다는 목소리가 고고학계 내부에서 먼저 나왔을 법도 하다. 그러나 스미스와 제더는 그런 일이 일어나지 않았던 이유를 보여준다. 고고학자로서 스미스와 제더의 입장에 따르면, 인류세의 시작은 단순히 인간의 활동으로 인해 환경변화가 생겨났다는 사실이 아닌, 인간의 힘이 지구환경을 변화시킬 정도로 전례없이 커졌다는 사실로 정의해야만 한다.

궁극의 생태계 공학자

모든 생물은 그저 공간을 차지하는 것만으로도 주변 환경을 변화시키며, 먹이를 먹고 생활을 유지하면서 더 큰 변화를 만든다. 그런데 '생태계 공학자'라고 불리는 몇몇 생물종은 환경에 더 큰 변화를 일으킨다. 댐을 짓는 비버나 흙을 파는 지렁이와 같은 종은 자신과 주변의 여러 생물종이 살아가는 환경을 근본적으로 변화시킨다. 이런 환경변화가 그들의 생존력과 번식력을 크게 높이거나 낮출 때, 이것을 '생태적 유산'이라고 간주할 수 있다. 생태적 유산은 '지위(地位, niche) 구축'이라고 불리는 진화적 과정의 일부이며, 유기체는 생태적 지위 구축을 통해 자신들이 살아갈 환경조건 자체를 재생산하게 된다.

브루스 스미스가 2007년 〈사이언스〉에서 지적했듯이, 인간은 궁극의 생태계 공학자다. 불을 이용해서 땅을 정리하는 능력에서부터 다른 생물종을 길들이고 땅을 경작하는 능력에 이르기까지, 그 어떤 생물도 인간만큼 다양한 방식으로 강력하게 환경을 바꾸는 능력을 획득하지 못했다. 이처럼 생태적 지위를 구축하는 탁월한 능력이 있었기에 인류는 다른 생물과 달리 자연환경의 제약에서 벗어나 성장하고 번창할 수 있었다. 스미스와 제더, 그리고 점점 더 많은 고고학자는 생태적 지위를 구축하는 인간 능력의 증대가 지구를 인류세로 접어들게 만드는 근본적 원인이라고 보고 있다.

인류의 조상들

환경을 바꾸는 인간의 탁월한 능력은 인간이 종으로서 존재하기 이전부터 찾아볼 수 있다. 호모 사피엔스가 30만 년 전 아프리카에 처음 출현했을 때, 호모 사피엔스를 호모 속

(Genus Homo)에 속한 다른 종과 구분해주는 차이점은 해부학적 구조 이외에 딱히 없었다. '해부학적으로 현생 인류'인 호모 사피엔스는 뼈대가 가볍고 턱과 이가 작았으며 두개골이 더 둥글어서 육체적으로는 그들의 조상보다 훨씬 약했다. 조상보다 뇌가 더 커지기는 했지만, 호모 사피엔스는 동시대에 살았던 호모 속의 더 튼튼한 다른 종인 네안데르탈인보다 일반적으로 몸집이 작았다.

우리의 조상이 그랬고 그 사촌뻘인 네안데르탈인이 그랬듯이, 수만 년 동안 인간은 석기를 제작하고 불을 피우며 살았다. 가장 오래된 석기는 오스트랄로피테쿠스 속(屬)인 우리의 먼 조상이 330만 년 전 혹은 그 이전부터 만들기 시작했다. 호모 사피엔스가 만든 최초의 석기는 호모 속에 속한 조상들이 160만 년 전에 만든 손도끼와 매우 유사하다. 불을 통제하여 사용한 흔적은 40만 년 이전 시점의 것도 발견된다. 불의 사용은 심지어 200만 년 전 혹은 그 이전에 시작되었을 수도 있다. 확실히 이 '궁극의 생태계 공학자'는 조상으로부터 한두 가지 손재주를 유산으로 물려받았던 것 같다.

10만 년 전부터 인간은 조상들과 다른 방식으로 도구를 만들고 뼈와 같은 새로운 물질을 이용했으며 새로운 제작 방법과 더 복잡한 디자인을 적용하기 시작했다. 인간은 조개껍데기나 뼈에 상징적인 무늬를 새겼고 장신구를 제작하여 착용했으며 자신의 신체 혹은 거주하던 동굴에 (철분이 많이 함유된) 황토나 숯으로 그림을 그렸다. 도구나 장식 재료로 쓰기 위해서 인간은 먼 곳에서 나는 부싯돌, 흑요석, 조개껍데기 등을 교역하여 구하기도 했다. 거주지는 점점 커지고 복잡해졌다. 수렵 및 채집을 위한 사회적 전략은 효율성 측면에서 완전히 새로운 경지에 들어섰다. 수만 년 동안 인간은 일련의 다양하고 복잡한 '현대' 인류의 행동양식을 사회적으로 배우고 실행했으며, 이런 행동의 물질적 증거를 아프리카 곳곳에 퇴적물로 남겼다. 플라이스토세 후기인 6만 년 전에 나타난 복잡한 물질적 증거를 보면, '행동학적 측면에서 현대적인' 인간들이 만든 새로운 형태의 사회가 지구 역사상 어떤 종도 가지지 못했던 사회적 역량을 발전시키고 있었음을 알 수 있다.

첫번째 거대한 가속

현대 인류의 행동양식이 발전하고 축적되면서, 생태적 지위를 구축하는 인간 능력에도 장기적으로 주요한 전환이 일어났다. 도구를 만드는 신기술, 환경을 이용하고 변화시키는 새로운 전략, 서로 협동하는 새로운 방식 등이 나타나면, 사람들은 이를 타인으로부터 배우고 후대에 전수했다. 이 과정에서 점점 더 정교해진 언어의 사용도 일부 도움이 되었다. 인류는 점차 사회적인 세계 속에서 살게 되었는데, 이 세계 속에서 일상적 생존은 타인과 협동하는 과정에서 이루어지는 사회적 학습 행동에 의존하게 되었다.

(독성이 있는 것을 걸러내고) 먹을 수 있는 것을 수확하고, 사냥용 투척 뗀석기를 비롯한 최고의 도구를 만들고, 사냥이나 낚시를 위해 함정과 둑을 설치하거나 바위를 재배열하는 등 환경을 한층 더 바꾸기 위해서는 사회적으로 학습된 지식, 즉 문화가 꼭 필요했다. 수렵채집과 수확물 분배를 위한 협동적 사회 전략, 황토나 석기 재료(부싯돌, 흑요석)나 장신구(조개껍데기, 깃털)를 원거리로 교역하는 방법, 전통적인 생물학적 친족 범위를 넘어 음식물을 교환하는 새로운 전략 등, 생필품을 얻기 위해서는 복잡한 사회적 상호작용과 교환이 필수적이었다. 생태계 공학과 사회적 교환도 마찬가지지만, 다양한 형태의 사회적 상호작용도 문화적 진화 과정을 통해서 그 어느 때보다도 더 빠르게 진화할 수 있었다. 문화적 진화 과정에는 복잡하고 위계적인 관계와 전문화된 역할이 등장하는 것도 포함된다. 대표적인 예로 의식을 담당하는 주술사, 부족사회의 뚜렷한 지도력 서열을 들 수 있다. 부족사회는 초기 인간 사회의 특징이었던 소규모 평등 집단, 즉 무리 수준에서 벗어나 사회적 집단화의 규모가 더 커진 결과라고 볼 수 있다. 이 모든 문화적 진화 과정에서는 인간의 언어 발달이 중요한 역할을

했을 것으로 추정된다. 왜냐하면 언어가 문화적 정보를 사회적으로, 그리고 세대를 넘어서까지 정밀하게 전달할 수 있게 해주기 때문이다.

사회적으로 전달된 정보, 즉 문화는 축적되면서 진화한다. 플라이스토세 막바지에 이르렀을 때 인간은 생태적 지위를 구축하는 과정에서 자신이 살아갈 여러 가지 환경을 이용하고 변화시키는 다양한 도구와 기술을 활용하였다. 인간 사회의 사회적 협동 능력도 점차 향상돼서, 더 대규모로 조율된 활동으로 환경을 이용하고 변화시켰다. 이렇게 새로운 사회적 역량으로 무장한 인류는 세상을 바꿀 능력을 지닌 채 6만 년 이전부터 여러 차례에 걸쳐 아프리카 밖으로 뻗어나가기 시작했다(그림 24). 행동학적인 측면에서 현생 인류는 아프리카에서 발원했지만, 그중에서 호모 사피엔스가 각지로 뻗어나가면서 지구적 생물종이 되었다. 플라이스토세가 끝나가고 홀로세가 임박한 1만 4000년 전 무렵에는 남극을 제외한 모든 대륙에 인간이 자리를 잡았다.

동물 멸종

어느 장소로 이동하건 간에 인간 사회는 자신들이 도착한 흔적을 숯, 도구, 공예품, 인간 혹은 사냥감의 뼈 등을 사용해

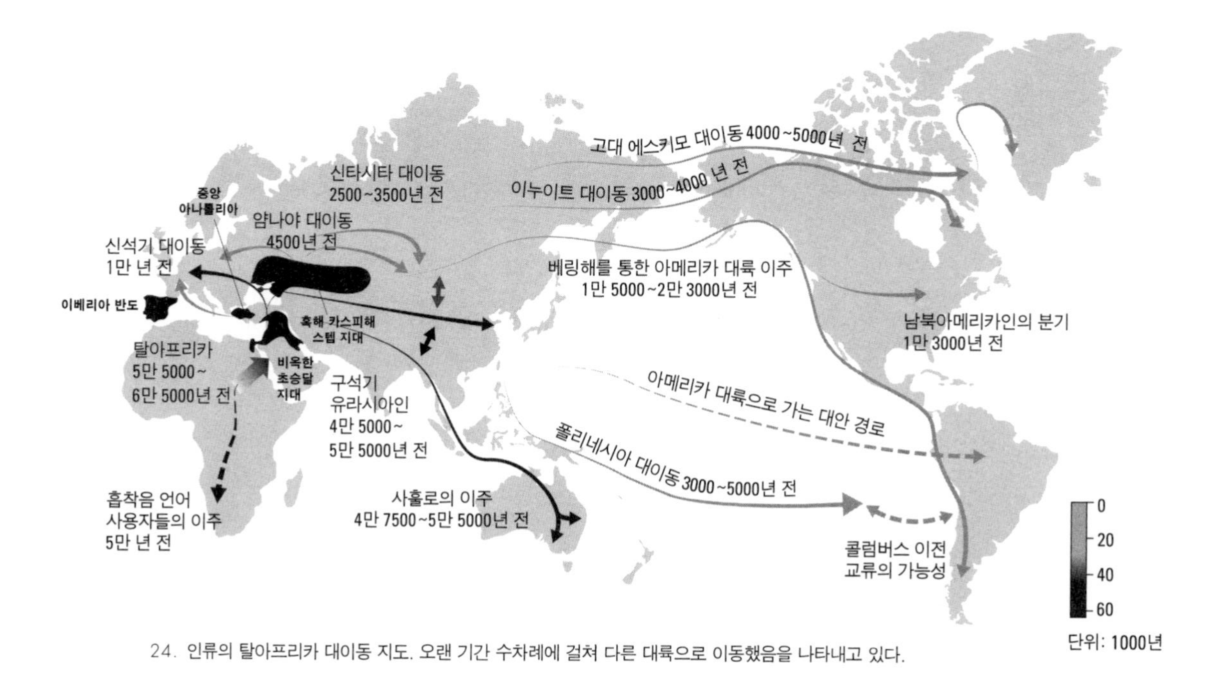

24. 인류의 탈아프리카 대이동 지도. 오랜 기간 수차례에 걸쳐 다른 대륙으로 이동했음을 나타내고 있다.

고고학적 증거로 남겼다. 여러 지역의 다양한 인간 사회가 새로운 환경에 적응해가면서 새로운 도구 형태나 생활방식도 등장했다. 수렵채집 사회는 점점 더 다양한 생물종을 포획하고 소비하는 방법을 터득하면서 인간의 생태적 지위 범위를 확장했다. 도구나 불을 사용하지 못하고 무리를 지어 사냥하지도 않고 생태적 지위를 구축하지도 못하는 영장류는 인류와의 경쟁에서 밀려나 사냥감으로 전락했다. 아르마딜로 과에 속한 포유류의 덩치 큰 사촌 격인 글립토돈부터 메가테리움 속이면서 크기는 코끼리만한 땅늘보까지, 인간이 특별히 선호하는 사냥감이었던 거대동물은 곧 멸종하기에 이르렀다.

플라이스토세 후기와 홀로세 전기 동안 수렵채집민은 거대동물의 절반 정도, 그리고 오스트레일리아 대륙에 서식하던 다수의 대형 조류를 멸종시켰다. 아메리카와 오스트레일리아 대륙에서는 거대동물의 약 70~90%가 멸종했고, 유라시아와 아프리카 대륙에서는 각각 40% 이하, 20% 정도의 거대동물이 멸종됐다. 이런 차이가 나타나는 것은 해당 지역이 호모 속에게 노출된 기간과 관련이 있다. 아프리카와 유라시아의 동물은 사람과 함께 진화해왔지만, 아메리카와 오스트레일리아의 거대동물은 그다지 운이 좋지 못했다. 원거리 무기와 불로 무장하고 집단적 협동 전술까지 구사하면서 지구상에서 가장 성공적인 포식자가 된 인간을 아메리카와 오스트레일리아의

25. 투척용 뗀석기를 이용한 털매머드 협동 사냥.

거대동물들이 아무런 경험도 없이 갑자기 맞닥뜨리게 되었기 때문이다(그림 25).

수렵채집민이 거대동물의 대멸종에 끼친 영향의 수준은 여전히 과학자들 사이에서 논쟁거리다. 현생 인류의 가까운 친척인 네안데르탈인이 멸종한 것은 대단히 흥미로운 사례 중 하나다. 인류가 유라시아에 정착한 이후부터 네안데르탈인이 사실상 멸종한 약 4만 년 전까지, 인간과 네안데르탈인은 수천 년 동안 공존하고 심지어 짝짓기를 하기도 했다. 네안데르탈인의 멸종 원인으로는 인류와의 경쟁, 질병, 기후변화를 꼽을 수 있다. 그중 기후변화는 적어도 다수의 거대동물을 멸종시킨 원인 중 하나로 작용했다. 플라이스토세 후기와 홀로세 전기에 여러 차례 추운 빙하기가 있었는데, 이 시기에는 인간도 대규모로 이동을 했다. 그렇지만 당시 멸종했던 거대동물들은 그 이전 10여 차례의 빙하기와 간빙기 주기도 버텨낸 경험이 있었다. 따라서 급격한 기후변화와 함께 인간이라는 새로운 포식자가 등장한 것이 멸종의 주된 원인이라고 추정된다. 인간이 불을 사용한 것도 거대동물의 멸종을 불러온 원인 중 하나다. 건조한 지역에서 인간이 불을 사용하다가 의도치 않게 빈번히 대규모 화재를 냈고, 그 결과 자연 서식지가 변모되었던 것이다.

현대 수렵채집민은 불을 질러 빽빽한 숲에 공간을 만들고 지피식생의 성장을 촉진한다. 식생이 성장한 곳에는 사냥감이 모여 수렵채집의 효율성도 높아지기 때문이다. 초기의 수렵채집민도 유사한 방식으로 넓은 지역에 걸쳐 식생을 변화시켰을 것이다. 그런데 거대 초식동물과 거대 육식동물이 사라지면 식생 성장도 달라질 수 있다. 예를 들어 인간이 매머드를 멸종시키자 목본식물에 대한 압박이 줄어들었고, 광활한 북부 초원인 '매머드 스텝 지대'에서 목본식물이 다시 번창하는 조건이 형성되었을 것이다. 초원과 매머드는 거의 같은 시기에 사라졌다. 거대동물의 멸종이 심지어 나무의 증식에도 영향을 끼쳤다는 설득력 있는 증거가 있다. 어떤 나무의 씨앗은 작은 동물이 퍼뜨리기에는 너무 큰데, 큰 동물이 사라지면 이런 씨앗의 이동이 제한된다. 이렇게 되면 결과적으로 숲이 포집하는 탄소의 양이 줄어들기도 한다.

거대동물 인류세?

플라이스토세 후기와 홀로세 전기인 5만 년 전 시점부터 수렵채집민이 동식물 서식 분포 패턴을 급격히 바꾸어놓았다는 사실을 뒷받침하는 강력한 증거는 많다. 또한 거대동물이 멸종하고 인간이 불을 사용함으로써 여러 대륙의 식생이 크게 달라져서 지구적 기후변화로까지 이어졌다는 증거도 있다.

목본식물이 빠르게 성장하면 대기의 이산화탄소를 흡수해서 기온을 낮추는 효과가 발생한다. 하지만 목본식물이 빽빽하게 자라고 나면 황무지나 설원 지역보다 어두워져서, 바다가 하는 작용처럼 태양에너지를 더 많이 흡수하고 결과적으로 기온을 상승시킨다. 게다가 식물은 수분과 에너지를 대기와 교환하면서 온난화를 더욱 심화시킨다. 제한적이기는 하지만 거대동물의 소화기관에서 생성되는 메탄가스가 지구온난화에 적잖이 기여했다는 증거도 있다. 메탄가스를 배출하는 거대동물이 줄어든 플라이스토세 말에는 지구의 기온이 실제로 내려갔다.

특히 아메리카 대륙에서 인간이 거대동물을 멸종시키고 불을 사용하면서 발생한 지구적 환경변화를 근거로 삼아, 여러 과학자들은 플라이스토세 끝 무렵인 약 1만 4000년 전을 인류세의 시작이라고 제안한 바 있다. 이렇게 인류세를 길게 보자는 제안은 시사적이고 흥미롭기는 하지만 여러 가지 결함이 있어서 비판을 받는다. 그러나 인간이 거대동물을 멸종시킴으로써 여러 대륙의 생태적 작용이 바뀌었고 지구의 전체 생물권도 영향을 받았다는 점은 이견의 여지가 없다. 그럼에도 이 변화가 지구 기후와 시스템의 작동까지 바꾸었다고 주장하기에는 증거가 부족하다. 지금까지 쌓인 경험적 증거나 기후 시뮬레이션 모델을 검토해보아도 과학자 대다수를 설득할 수 있는 수준에 이르지는 못한다. 게다가 인간이 거대동물을 멸종시키고 식생을 변화시켰다고 하더라도 이런 현상은 인간이 등장하기 전에도 있었다. 따라서 여러 시대에 거쳐 나타나는 매우 통시적인 현상이라고 할 수 있다. 결국 플라이스토세 말 인간에 의한 거대동물 멸종이나 식생 변화를 가지고 황금못을 지정하여 전 세계에 분포한 지층들의 연관성을 정립하기에는 무리가 있어 보인다.

농업

수렵채집민이 지구 전역에 걸쳐 생태적 지위를 구축하고 확장함에 따라 생물권이 변화하기 시작했다. 그러나 이런 초기의 변화가 사라지고 그다음 사건이 일어났다. 스미스와 제더에 따르면 "인간이 육지 생태계를 대규모로 변화시켰다는 고고학적 증거, 그리고 인류세의 시작을 보여주는 지표는 바로 동식물을 사육하는 과정"이다. 즉, 농경사회의 출현과 확산이 지구적 환경변화를 가져왔다는 것이다. 그리고 그 흐름은 아직까지도 지속되고 있다.

농업은 수렵채집민이 생태적 지위 구축을 하는 과정에서 생성되어 점차 진화해왔다. 인구가 늘어나고 문화가 축적되면서 수렵채집민은 사회적으로 학습된 다양한 행동양식을 발전시켰고, 이 덕분에 주변 환경의 생산성을 높일 수 있었으며, 결과적으로 자기 조상들이 이미 변화시키기 시작했던 환경에 더 잘 적응하게 되었다. 한때 선호된 거대동물 같은 사냥감은 점점 귀해지거나 멸종했지만, 수렵채집민은 더 다양한 종류의 동식물을 사냥하고 채집하는 방법을 터득하면서 먹거리를 다변화하고 틈새 범위를 확장했다. 수렵채집민은 새로운 식물이 잘 자라도록 초목을 불태우기도 했다. 또한 영양분을 더 많이 섭취하려면 수렵이나 채집으로 획득한 것을 가열하거나 빻아야 한다는 사실도 알게 되었다. 최초로 음식을 적절히 처리해서 먹을 수 있게 되자 이제 곡물이나 덩이줄기도 유용한 먹거리가 되었다. 수렵채집민은 입맛에 맞는 식물의 씨앗을 뿌리고 사냥할 짐승의 개체수를 관리하거나 나중에는 가축화하기도 했다. 이런 생태적 지위 구축 활동은 이후 등장할 농경기술에 비하면 초라했지만, 기존 환경보다 훨씬 더 많은 것을 제공했기에 인구수의 증가로 이어졌다. 늘어나는 인구와 복잡해지는 사회를 유지하기 위해서 사람들은 더 극적으로 환경을 변화시켰고, 인구가 적은 지역으로 이주해가기도 했다. 인간의 생태적 지위 구축 활동은 완전히 새로운 수준에 접어들었다. 농업이 출현하고 확산될 수 있는 무대가 마련된 셈이다.

오스트레일리아를 제외하고, 인간이 살았던 모든 대륙에서

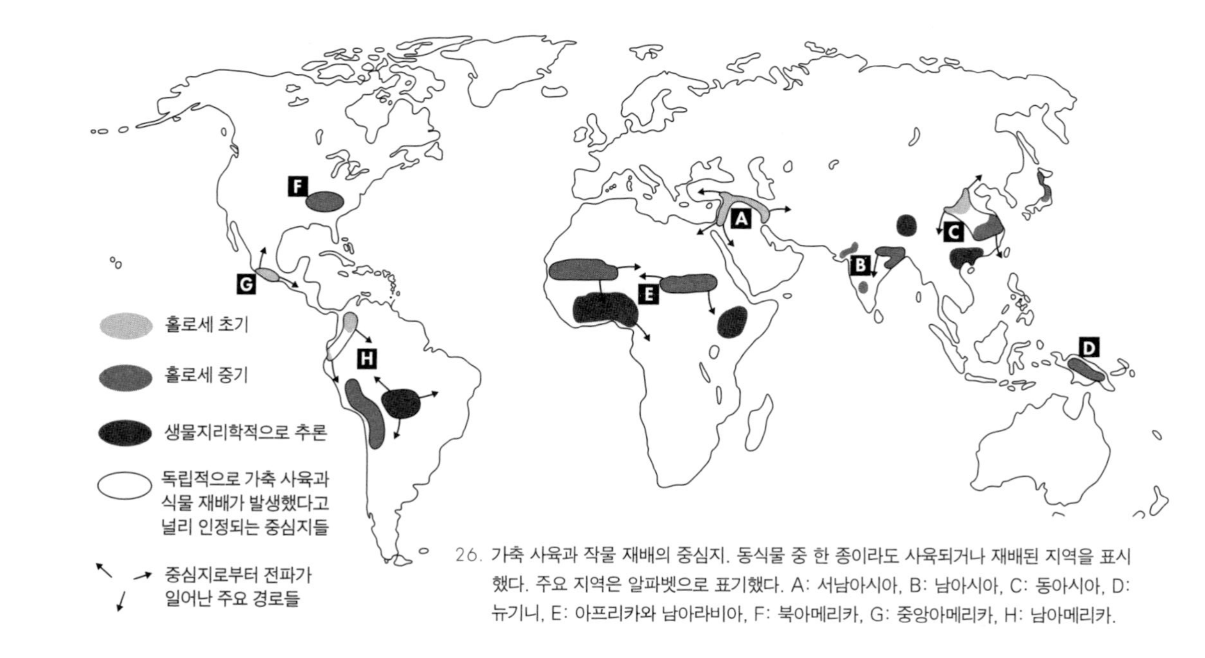

26. 가축 사육과 작물 재배의 중심지. 동식물 중 한 종이라도 사육되거나 재배된 지역을 표시했다. 주요 지역은 알파벳으로 표기했다. A: 서남아시아, B: 남아시아, C: 동아시아, D: 뉴기니, E: 아프리카와 남아라비아, F: 북아메리카, G: 중앙아메리카, H: 남아메리카.

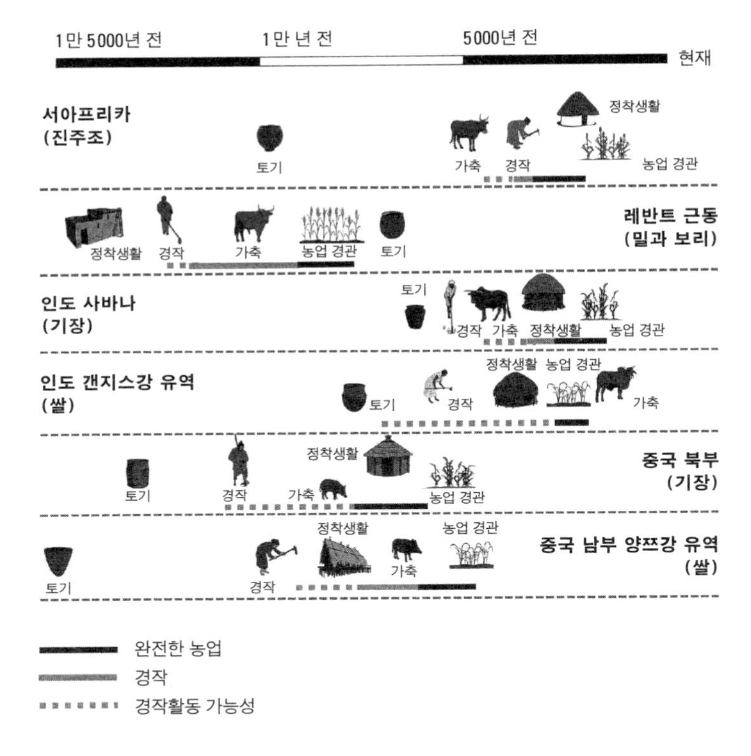

27. 초기 농업의 발전 양상. 여러 지역에서 상이한 시대에 다양한 경로로 발전하였다.

농업에 의존하는 사회가 생겨났다. 농경사회가 발흥한 중심지는 열 곳이 넘는다(그림 26). 서남아시아, 남아메리카, 중국 북부에서는 플라이스토세에서 홀로세로 전환하는 시기에, 중국 양쯔강 유역과 중앙아메리카에서는 6000년에서 8000년 전에, 아프리카, 인도, 동남아시아, 북아메리카 평원 지대에서는 4000년에서 5000년 전에 농경사회가 등장했다. 서남아시아와 중국 양쯔강 유역에서는 정착형 수렵채집민이 농경으로 전환했고, 아프리카에서는 이동형 수렵채집민이 유목을 시작했으며, 인도, 뉴기니, 남아메리카에서는 이동형 수렵채집민이 화전과 같은 이동식 농업을 시작했다(그림 27).

농업 인구는 수렵채집 인구에 비해 빠르게 증가했다. 결국 지구상의 가장 비옥한 땅에서는 농경민이 수렵채집민을 몰아내거나 수렵채집민 스스로 농경민으로 변신하였다. 그런데 농업이 가져온 사회적, 환경적 변화는 결코 단선적이지 않았다. 수많은 사회가 붕괴되고 다시 시작됐다. 그래도 시간이 흐르면서 '토지이용 집약화'를 통해 토지의 생산성을 높여서 점점 더 큰 규모의 농업사회를 지탱하는 경향으로 흘러갔다. 이동 경작의 초기 단계에서는 한두 해 정도 경작을 한 다음, 토양비옥도가 떨어지면 다른 땅을 경작했다. 농업 인구가 늘고 자원 수요가 증가하고 사회문화적 역량이 발전하면서, 토지의 생산성 증대를 위한 노동 집약적이고 에너지 집약적인 기술이 채택되었다. 휴경 없는 연례적 농사, 관개시설, 비료, 쟁기 등이 그런 기술에 해당한다. 당시에 저장되었던 곡물의 안정적 질소 동위원소 비율을 분석한 결과, 이미 8000년 전에 서남아시아와 유럽에서는 비료를 이용하여 집약적 농경을 하고 있었다. 중국과 인도에서는 적어도 7000년 전에 관개시설을 이용해 쌀을 생산했다는 증거가 있다. 5000년 전에는 관개농법이 주요 쌀 생산지에서 광범위하게 이용되었다.

홀로세 중기쯤에는 이미 광대한 토지가 농경지로 사용되었다는 증거가 매우 많다. 토양침식 증가로 인한 퇴적층 형성에서부터 시작하여, 숯, 재배작물과 잡초 잔존물, 꽃가루 흔적, 녹말 입자, 식물암(식물 세포에서 생성된 이산화규소 결정체), 가축의 유해, 토양과 화석 비료의 동위원소 구성 변화, 그리고 땅을 갈아엎어 경작지로 만들면서 장기적으로 변화한 식생 구조 및 생물종 구성에 이르기까지, 증거는 넘쳐난다. 지중해에서 열대 지방까지 분포하고 있는 현재의 삼림지대는 인간이 오랫동안 땅을 이용하면서 만든 생물학적이고 문화적인 유산이라는 사실이 인정되고 있다. 농업에 땅을 이용하면서 인위적인 토양도 만들어졌다. 기원전 약 4000년 전부터는 북서유럽에 비료가 다량으로 축적된 땅인 '플라겐(plaggen)' 토양이 형성되었다. 기원전 약 500년 전부터는 아마존 분지에서 숯과 여러 가지 쓰레기가 축적되어 '테라 프레타(terra

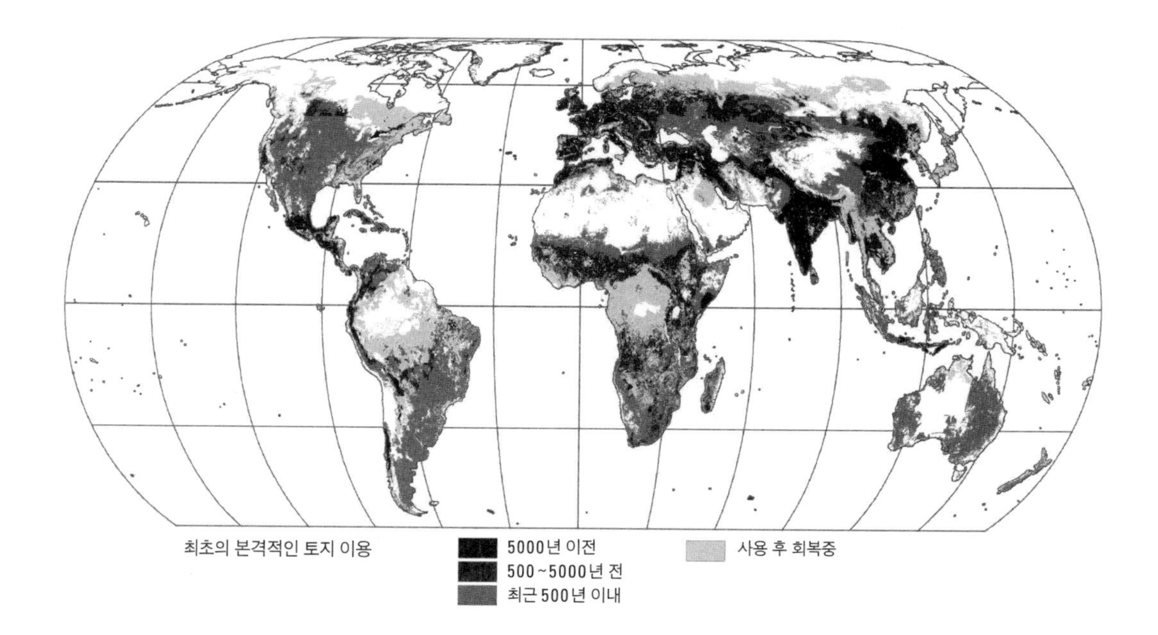

28. 토지 이용의 역사를 보여주는 세계지도. 최초의 집약적 농지 이용 시점을 표시하고 있다.

preta)', 즉 '검은 땅'이 형성되었다. 테라 프레타는 다른 '인위적 토양층'과 함께 아프리카에서도 형성되었을 것이다. 인위적 토양층은 비료를 뿌리고 개간을 하고 관개시설을 이용했던 여러 지역에서 널리 발견된다. 광범위하게 발견되는 인위적 토양층에 인류세의 시작을 표시하는 황금못을 꽂는다면 그 시점은 약 2000년 전이 될 것이다. 그러나 토양층의 기원은 통시적이기 때문에, 인위적 토양층을 기초로 해서 GSSP가 성공적으로 설정될 가능성은 크지 않다.

농업은 1만 년보다도 더 이전부터 지구를 변화시키기 시작했고, 지금도 자연 서식지를 인간, 작물, 가축을 위해 설계, 관리되는 농업 경관으로 변환시키고 있다(그림 28). 수천 년에 걸쳐 서서히 여러 대륙에 확산되면서, 농업은 개간, 경작, 침식을 통해 토양의 화학적 구성과 퇴적 과정을 변화시켰다는 유산을 남겼다. 저수지 등 관개시설로 인해 물의 순환 체계도 변화했다. 농업으로 인해 생물권, 대기권, 그리고 지구 시스템 전체의 작용이 변화하기 시작했던 것이다.

초기 인류에 의한 인류세 시작 가설

2003년에 기상과학자 윌리엄 러디먼은 「수천 년 전부터 인간에 의해 온실 시대가 시작되었다」라는 제목의 논문을 발표

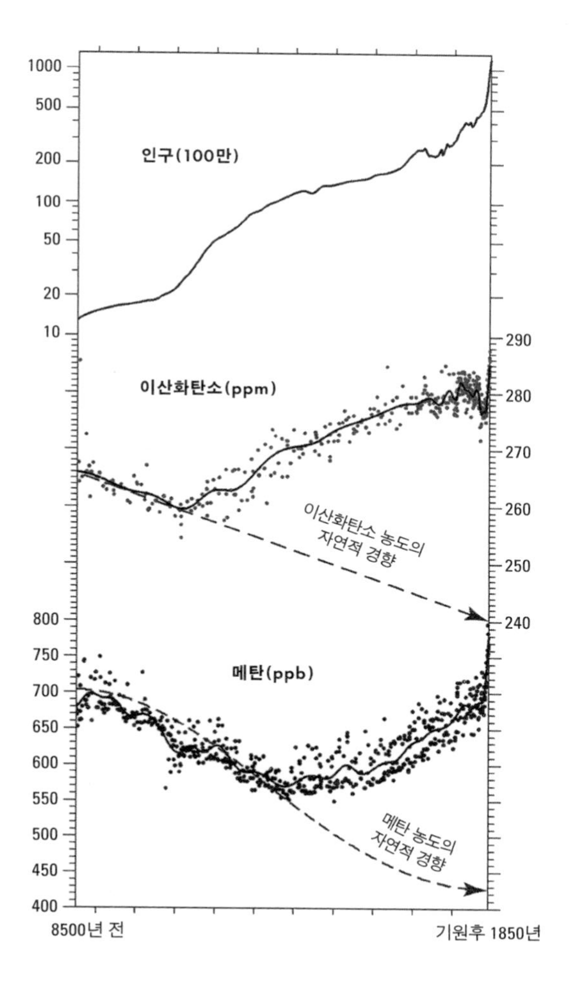

29. 러디먼 가설에 따르면, 산업화가 시작되기 전인 홀로세 중기에 이미 대기 중 이산화탄소 농도와 메탄 농도가 그 이전 간빙기에서 관측되는 '자연적' 경향을 벗어나 있었다. 러디먼은 그 원인으로 이산화탄소의 경우 농지 확보를 위한 토지 정리 관행을, 메탄의 경우 쌀 농사 및 유제류 동물(주로 소와 물소) 사육을 지목한다.

했다. 이 논문에서 러디먼은 원시시대의 농경민이 숲을 태워 경작지를 만들고 논에 물을 대면서 대기권 온실가스 농도를 상당히 변화시킬 정도로 이산화탄소와 메탄을 배출했다고 주장했다(그림 29). 이 과정에서 제4기, 즉 신생대의 다음 빙하기 주기를 지연시킬 정도로 온실 효과가 발생했다는 것이다. 러디먼의 가설, 즉 '초기 인류에 의한 인류세 시작 가설'을 검증하는 수십 편의 연구논문이 나왔다. 이 연구들에 따르면 러디먼 가설 중 몇몇 주장은 여전히 논쟁의 여지가 있다. 그러나 인류가 산업혁명 이전에 이미 지구 시스템의 작동 방식을 바꿀 정도로 큰 능력을 획득했다는 기본 전제를 뒷받침하는 증거들은 많으며, 지구 시스템 과학자들은 러디먼 가설의 수용 여부를 진지하게 검토하고 있다.

러디먼 가설은 홀로세의 대기 중 이산화탄소 농도 및 메탄 농도를 그 이전 간빙기에서 나타났던 '자연적' 하락 경향과 비교한다. 이전 간빙기와는 달리, 5000년 전 홀로세 중기에는 메탄 농도가 하락 경향을 멈추고 상승하기 시작한다. 마찬가지로 이산화탄소 농도도 7000년 전 시점부터 비슷한 추세를 보인다. 이렇게 그 이전과 달리 변칙적인 온실가스 배출 경향이 나타난 원인으로 러디먼 가설은 농업적 토지이용을 지목한다.

고고학자 도리안 풀러(Dorian Fuller)는 2011년 쌀 경작지에

연간 메탄 배출량(10^9kg)
(최소 및 최대 추정치)

쌀농사 면적
(100만 헥타르)

최소 최대 기원전 4000년 기원전 3000년 기원전 2000년 기원전 1000년 0년 1000년

습식 건식 메탄

30. 기원전 4000년에서 기원후 1000년까지 건식 및 습식 쌀 생산을 통해 토지로부터 배출되는 메탄.

관한 역사적 모델을 이용하여 초기 인류가 배출한 메탄 총량의 80%가 쌀 재배에 기인했음을 입증했다(그림 30). 탄소 동위원소를 이용한 후속 연구들도 이런 초기의 메탄 배출이 인간 때문이었다는 점을 확인해주었다.

이산화탄소 농도의 변칙적 경향을 설명하기는 쉽지 않다. 부분적으로는 대기 중 이산화탄소 농도에 영향을 미치는 지구적인 생물지구화학적 흐름이 메탄의 경우보다 더 복잡하고 측정하기도 어렵기 때문이다. 예를 들어 땅을 정리하고 불을 지른 다음 흙을 갈아엎을 때 배출되는 탄소 비율과 땅을 방치한 후 초목이 다시 자라날 때 흡수되는 탄소 비율을 모두 고려해야 한다. 또한 탄소 배출량을 계산할 때 해양이나 이탄 지대에서 흡수되는 탄소량도 균형적으로 고려해야 한다. 즉, 지구적 탄소순환계의 여러 부분적 양상들을 검토할 필요가 있는 것이다.

러디먼 가설에 비판적인 사람들은 홀로세 중기에 농업 인구가 아주 적었고 특히 7000년 전 시점에는 수천만 명 정도에 불과했을 텐데 어떻게 상대적으로 광대한 면적의 땅을 정리하고 경작할 수 있었는지 의문을 제기한다. 또한 홀로세 후기에 이르러 인구가 증가했을 때는 왜 탄소 배출이 급증하지 않았는지에 대해서도 의문을 제기한다. 만약 1인당 토지 사용 면적을 일정하다고 가정하고 배출량을 계산한다면, 초기에 땅을 불태워 정리하면서 생겨난 탄소 배출량은 너무 적어서 러디먼 가설을 지지하기에 충분치 않다. 그러나 토지 사용이 점차 집약화되던 역사적 경향을 생각해본다면, 현재와 비교해볼 때 초기 농경민의 1인당 토지 사용 면적은 (덜 집약적이긴 해도) 훨씬 넓었을 것이다. 따라서 초기에 농경지를 만들기 위해 땅을 정리하면서 탄소가 배출된 경향성은 홀로세 중기에서 후기까지 나타나는 탄소 배출 경향성을 유사하게 뒤따른다.

기후 시뮬레이션을 통해서 최근 확인된 바에 따르면 초기 농경사회가 배출한 온실가스는 지구의 기후 경로를 바꿀 잠재력을 가지고 있었다. 물론 그 변화의 규모나 시점을 알아내려면 더 적극적인 연구가 필요하다. 약 7000년 전 농경사회가 다량의 이산화탄소를 배출했다는 가설은 논쟁적이기는 하지만 충분히 개연성이 있다. 한편 초기의 쌀 생산으로 인해 메탄이 배출되었고, 그에 따라 약 5000년 전 대기 중 메탄 농도가 상당히 높아졌다는 점은 이제 널리 인정되고 있다. 빙하 코어 연속체에 나타난 표지를 통해 홀로세의 경계를 정의한 것처럼, 빙하 코어에서 인간활동이 변화시킨 대기 중 메탄 농도 흔적을 찾아내어 잠재적인 인류세의 시작 경계로, 즉 황금못으로 삼자는 제안도 이어져왔다. 그러나 빙하 코어에 나타나는 메탄 농도 표지와 전 세계 여러 지역 층서에서 나타나는 표지 사이의 상관성을 수립하는 작업은 매우 어렵다. 따라서 지질시대를 구분하는 시간층서의 공식 경계 지표로 메탄이 채택될 가능성은 작다.

확대와 확산

이따금씩 여러 사회들이 무너졌지만, 6000년 전쯤에는 농작 인구수가 계속 증가하고 인구밀도가 높아졌으며 오스트레일리아를 제외한 모든 대륙으로 농작인들이 퍼져나갔다. 사람들이 이용하는 토지 체계는 점점 집약적이고 생산성이 높아지는 방향으로 진화했다. 생산성이 높아지자 잉여생산물이 발생하여 교역이나 징세가 가능해졌고, 그 결과 도시 인구가 성장하기 시작했다. 도시는 장인, 상인, 왕 등 특수한 역할로 분업화된 위계적이고 복합적인 사회였으며 돈, 문자, 신형 무기 생산에 필요한 야금술 등 다양한 기술이나 도구가 사용되는 장소였다. 많은 인구 덕택에 도시는 규모의 경제로부터 오는 혜택을 누릴 수 있었다. 부와 서비스에 대한 접근성은 시골 지역 인구를 더욱더 도시로 모이게 했고, 도시 성장은 가속화되었다. 간헐적으로 전염병이 돌았던 시기만 예외로 하면 말이다. 기원전 약 3000년쯤 인더스 계곡을 시작으로 인구 5만이 넘는 최초의 도시들이 대규모 사회의 권력 및 무역 중심지 역할을 했다. 서기 1년에 이르면 수십만 명의 인구를 가진 도시들이 근동, 유럽, 아시아에서 번성했다. 이 도시들은 점점 더 광범위한 교역망에 의존하였는데, 어떤 교역망은 서유럽과 중국 동부를 잇는 실크로드처럼 대륙의 경계를 넘어서 확장되기도 했다. 아울러 해상 교역로도 점차 그 수가 증가했다. 인간 사회는 양적으로 질적으로 모두 향상된 것이다.

무역, 전쟁, 종교, 여러 사회적 상호작용을 통해서 각 사회는 점차 서로 연결되기 시작했으며, 이는 교환을 위한 '세계 체계'의 성립으로 이어졌다. 문화적 지식, 물품, 자연 자원, 생물이 이 세계 체계를 통해 빠른 속도로 퍼졌다. 교역 상품처럼 의도적으로 전파된 것도 있었지만 해충이나 질병처럼 의도치 않게 확산된 것도 있었다. 사람들은 상품을 먼 곳까지 수송하기 위해 도로와 해로를 뚫었으며, 전에 모르던 새로운 땅과 새로운 사회를 탐험하고 그곳에 진출하여 교역을 시작했다. 선박 건조 기술과 항해술의 발전 덕택에 탁 트인 바다는 사회 간 교환을 위한 고속도로가 되었다.

폴리네시아인들은 약 3500년 전부터 작은 배를 타고 태평양 곳곳의 섬에 도달하였다. 개, 돼지, 닭, 바나나, 얌 등 기르던 동식물, 그리고 의도하지 않았겠지만 쥐도 같이 이동했다. 복합 농경사회가 이동하여 새로운 땅에 정착하면 그곳의 경관과 생태계를 근본적으로 변화시킨다. 불을 질러 땅을 정리하고 작물과 가축을 기르고 쥐를 비롯한 여러 동식물을 데리고 온 결과는 심각했다. 많은 토착종이 먹잇감으로 전락해 희생되거나 경쟁에서 밀려났다. 거대동물, 그보다 몸집이 작은 동물, 심지어 다수의 식물도 멸종했다. 농업적 식민화를 입증해 주는 전형적이고 구체적인 증거들, 즉 문화 유물, 숯, 침식 토양, 새로운 외래종, 광범위하게 멸종된 토착종 등은 하와이에서 뉴질랜드에 이르는 태평양 전역에서 명백하게 발견된다.

글로벌 체계

남극을 제외한 모든 대륙에 인간이 거주했고 유라시아 대륙의 '구세계'는 2000년 넘게 교역망으로 연결되어 있었지만, 아직 세계 전체가 진정으로 연결된 것은 아니었다. 새로운 부, 권력, 영향력을 점점 더 갈망하던 유럽인들이 기존에 알려진 경로를 넘어 교역을 확대하면서 변화가 나타났다. 교역 확대를 위한 노력의 결과 500년 전부터 유럽과 아메리카 대륙 사이에서는 문화적, 생물학적 쌍방 교환이 최초로 거대하게 일어나기 시작했다. 크리스토퍼 콜럼버스가 아메리카 대륙을 우연히 '발견'한 사건은 이후 전례없는 지구적 사회변화와 환경변화를 촉발했다. 콜럼버스 교환이라고 부를 수 있는 이 사건으로 인해 구세계와 신세계는 하나가 되었다. 유럽인들이 아메리카 대륙에서 부를 짜내기 위해서 했던 여러 가지 활동으로 인해, 인간 사회는 사회적, 물질적, 생물학적 교환이 이루어지는 최초의 진정한 글로벌 체계로 통합되었다.

유럽인들은 금, 향신료, 희소 천연자원 등을 탐냈다. 그런데 유럽인들이 새로 만든 교역로를 통해서 이동한 것은 경제적 물품만이 아니었다. 사회적이고 생물학적으로 엄청난 변화를 가져온 원동력, 즉 새로운 문화적 관행, 기술, 가축, 질병도 같이 이동했다. 아메리카 대륙에서 온 감자, 토마토, 고추, 옥수수는 유럽뿐 아니라 아시아와 아프리카를 포함한 전 세계의 경작 체계도 바꾸어놓았다. 유럽에서 온 말(아메리카 야생마는 플라이스토세에 이미 멸종했다), 소, 돼지 등 가축들은 아메리카 토착종의 생존 전략을 바꾸어놓았다. 인간과 함께 여러 생물종이 이동하면서, 그 이전 수백만 년 동안 각 대륙에서 따로 진화해오던 동물군과 식물군이 빠른 속도로 '생물 균질화' 과정을 겪었다. 이런 모든 변화는 지층에 기록으로 남았다. 그러나 그중에서도 한 가지 생물학적 교환은 그것이 초래한 급격한 변화 때문에 특히 더 두드러진다.

천연두를 비롯한 구세계의 여러 질병은 아메리카 대륙으로 들어와 퍼져나갔고, 이런 질병에 노출된 적이 없었던 원주민들은 유럽에서 온 전염병으로 1492년에서 1650년 사이에 약 5000만 명이 사망했다. 그 결과는 참혹했다. 인구의 50%에서 90%, 혹은 그 이상으로 급격하게 감소하자 사회 전체가 붕괴했다. 토착 교역망을 통해서 전염병이 너무나 빨리 퍼졌기 때문에 실제로 유럽인이 진입하기도 전에 다수의 원주민 사회가 무너져내렸다. 강제 노동, 재이주, 식민주의적 폭력, 노예 이주 등으로 인해 원주민 인구 격감은 가속화될 뿐이었다. 유럽인들이 오기 전에 원주민들은 오랫동안 작물을 재배하고 식생을 관리하기 위해 불을 사용했었다. 유럽인이 들어와 아메리카 대륙의 경관을 상업적 대농장과 목장으로 바꿔놓기도 전에, 이미 원주민 사회는 그 이전에 비해 훨씬 더 작은 규모로 줄어들었다. 원주민 인구가 크게 줄어들자 숲이 다시 자라기 시작했고 그 과정에서 많은 양의 탄소가 흡수되어 대기 중 이산화탄소가 상당히 감소했다. 이런 효과가 1610년 전후에 발생했다는 사실은 빙하 코어에도 명확히 기록되어 있다.

생태학자 사이먼 루이스(Simon Lewis)와 지리학자 마크 매슬린(Mark Maslin)은 2015년 〈네이처〉에 발표한 글에서 인류세의 시작점을 결정하는 GSSP를 어디로 설정할지에 대한 기존 제안들을 검토하고, '오르비스 못(Orbis spike)'이라는 새로운 제안을 내놓았다(그림 31). 라틴어로 '세계'를 뜻하는 오르비스라는 단어를 사용하면서, 루이스와 매슬린은 콜럼버스 교환, 즉 '구세계와 신세계의 충돌'로 인해 인류세가 촉발되었다고 주장한 것이다. 이 주장에 따르면 구세계와 신세계의 충돌로 인해 인간은 지구적 생물종이 되었을 뿐 아니라 지질학

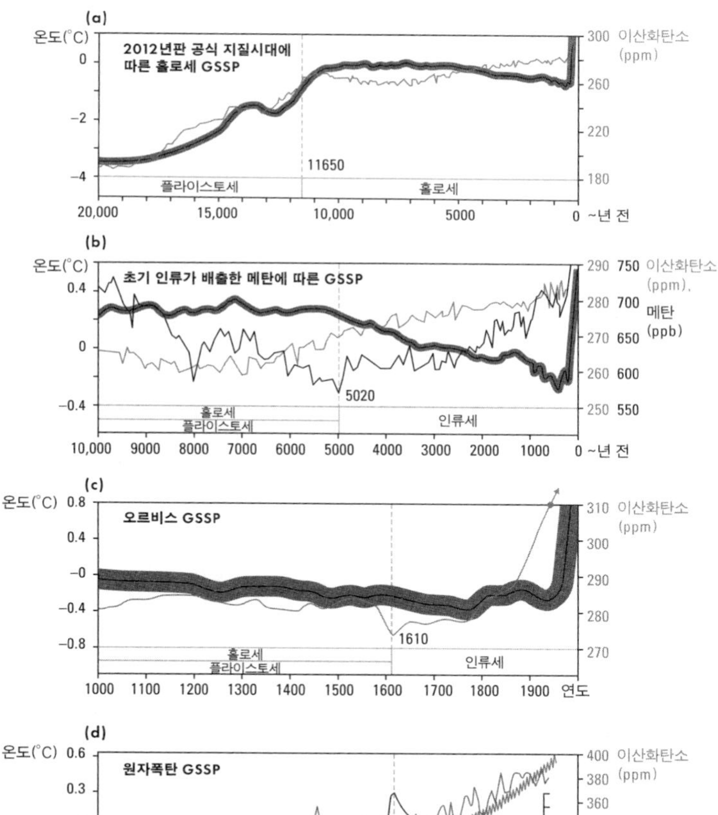

31. 초기의 인류세 GSSP 제안들. (a) 빙기/간빙기 전환 시기인 1만 1650년 전 이산화탄소 변화에 기반한 홀로세 GSSP와 비교. (b) 5020년 전 인간활동으로 인한 메탄 농도 증가(러디먼 가설)와 비교. (c) 1610년경 이산화탄소 농도의 급격한 상승을 보이는 '오르비스 못'과 비교. (d) 핵무기 실험으로 인해 1964년경 나무 나이테에 나타난 방사성 탄소 14의 최고점과 비교.

적으로 전례없는 결과를 가져오는 지구적 힘이자 지구 시스템 자체가 되기 시작했다. 인간이 지구적 힘이 되었다는 것에는 세계적 상호교환과 지구의 생물종 균질화도 포함된다. 유럽인들은 아메리카 대륙에서 전례없는 규모로 사회를 변화시키고 자원을 추출하였으며, 상업적으로 토지를 이용하면서 산업사회 발전의 궁극적인 원동력을 얻었다. 수백 년에 걸친 과정을 통해 지구적 차원의 인간 시스템이 처음으로 부상했는데, 이는 비록 통시적이기는 했지만 동물군과 식물군의 지구적 균질화에 영구적인 흔적을 남겼으며, 사회변화와 환경변화에 대한 물적 증거들도 함께 남겼다. 그런데 오르비스 못을 잠재적인 인류세 GSSP로 정의해주는 급격한 지구적 변화가 적어도 하나 더 있다. 빙하 코어에도 기록되어 있는 사건으로, 1610년 전후 이산화탄소의 농도가 급격하게 감소한 현상이 바로 그것이다.

인간의 시대

「인류세의 통시적인 시작들」이라는 논문에서 고고학자 매슈 에지워스(Matthew Edgeworth)를 비롯한 공저자들은 "고고학과 지질학은 서로 연결된 학문"이며 둘 다 동일한 층서학적 원리를 사용하고 있다고 강조했다. 지질학자와 고고학자가 실제로 같은 장소에서 함께 작업하는 경우도 종종 있다. 지질학자는 해당 지역을 형성해온 자연적 과정에 초점을 맞추고, 고고학자는 인간이 남긴 물질적 퇴적층, 즉 에지워스가 '고고권(archaeosphere)'이라고 부른 층의 하위 경계를 결정하는 데 초점을 맞춘다. 달리 말해 고고권은 지질학자와 고고학자의 전문적 층서 영역을 나누는 경계라고 할 수도 있다.

층서학자들이 연구하는 물질적 기록의 특징은 복잡하고 혼합적이며 통시적이다(그림 32). 한 사회, 심지어 한 가구가 흔적을 남긴다고 하더라도 다음 세대 사람들은 같은 곳에 도랑을 치고 터를 닦고 무덤을 파며, 나아가 건물을 짓고 쓰레기를 버리고 잔해를 남기면서 퇴적물을 변화시킨다. 이후에 홍수를 비롯한 자연현상 때문에 흙이 덮이기도 하며 새로운 공사를 위해 퇴적층의 상당 부분이 제거되는 일도 있다. 그래서 특정 사회가 남긴 지층의 깊이와 그 구성은 상관성이 있을 수도 없을 수도 있다. 지층의 어떤 부분은 지하 묘지, 깊은 우물, 지하터널 등으로 뚫려 있을 수도 있고, 어떤 부분은 경작한 토양, 인공 습지, 매립지, 수천 년 동안 여러 겹의 정착지의 흔적이 만들어진 언덕(중동에서 흔히 발견되는 고고학적 지층으로 '텔(tell)'이라고 부름)으로 덮여 있을 수도 있다. 이렇게 뒤섞인 고고학적 층서는 어떤 곳에서는 아예 존재하지 않을 수도 있고 어떤 곳에서는 수십 미터 깊이에 달할 수도 있다. 국지적인

32. 시리아에 있는 한 주거지역에서 발견된, 인간에 의해 형성된 퇴적층의 층서 단면. 약 7000년에서 1만 1000년 전 사이에 사용되었을 것으로 추정된다.

특정 장소에서 한 지역, 그리고 전 세계에까지 이르는 모든 규모에서, 고고권은 대단히 혼합적이고 통시적이다. 에지워스를 비롯한 대부분의 고고학자들이 보기에 통시성은 고고권뿐 아니라 인류세 자체를 정의하는 특징이다.

고고학자들은 층서학적 방법을 이용하여 인간 시대에 관한 연대표를 만든다(그림 33). 그러나 지질시대 연대표와는 달리, 가장 일반적인 고고학적 연대표라 할지라도 의도적으로 통시적 특징이 드러나게 만들어진다. 고고학자의 목표는 각 사회가 서로 다른 시간과 장소에서 어떤 경로를 걸쳐 발전해왔는지를 특징화하는 것이다. 고고학적 '시대' 체계는 일반적으로 최초의 석기 사용을 기점으로 하는 구석기시대부터 시작한다. 플라이스토세와 함께 구석기시대가 끝나고 홀로세와 함께 중석기시대와 신석기시대가 시작한다. 중석기시대의 생활양식은 구석기시대와 크게 다르지 않았으며, 신석기시대에는 농업이 채택된다. 청동기와 철기 사회는 생산이 가능했던 금속을 통해, 그리고 그에 수반하여 크게 변화한 사회 규모와 복잡성을 통해서 파악할 수 있다. 이렇게 각 사회의 발전 과정에는 주목할 만한 유사성이 존재하지만, 아메리카 대륙, 중동, 동아시아 등 여러 지역에서 신석기 사회가 출현한 시기는 서로 상이하다. 고고학자들은 서로 다른 사회의 발전 시기를 해석하기 위해 훨씬 더 자세한 국지적, 지역적 시대 체계에 의존

홀로세	**철기시대** 약 3000년 전~현재
	청동기시대 약 5000년 전~3000년 전
	중석기 I 신석기시대 전환기 | 농경사회 약 1만 년 전~5000년 전
플라이스토세	**후기 구석기시대** '현대적' 행동 양식 약 5만 년 전~1만년 전
	중기 구석기시대 해부학적 현생 인류 약 30만 년 전~5만 년 전
	전기 구석기시대 호모 사피엔스 이전 약 330만 년 전~30만 년 전

33. 고고학의 3단계 시대 구분 체계. '석기'시대는 '돌을 주요 도구로 사용한 시기'이며 청동기나 철기와는 구분된다. 이런 일반적인 문화 변동 패턴이 모든 문화권에서 동일하게 나타나는 것은 아니며, 장소 혹은 지역에 따라 더 상세한 시대 구분이 보충되는 경우도 있다.

하기도 한다. 고고학자들은 인간 사회가 어떻게 변화해왔고 환경에 어떤 변화를 초래했는지를 공시적으로, 즉 지구적으로 동기화된 시간선에 표시하려고 하지 않는다. 왜냐하면 인간 사회가 형성되고 변화된 과정 자체가 그렇게 공시적이지 않기 때문이다.

더 두텁게, 더 깊게

인류세는 지구를 변화시킬 정도로 거대해진 인간 능력에 관한 이야기이다. 그런데 이 이야기의 시작점은 어디일까? 인류세실무단은 인간의 영향으로 인한 변화가 오래전부터 시작되었음을 인정하면서도 정작 공식 지질 연대표의 인류세 시작점, 즉 인류세 GSSP로는 20세기 중반을 고려하고 있다. 반면 인간이 초래한 지구적 환경변화의 현상적 결과보다 장기적 원인에 주목하는 고고학자, 인류학자, 지리학자, 지질학자 등은 인류세의 시작을 1950년보다 훨씬 더 이전이라고 보고 있다.

인류세의 시작을 더 이른 시기로 볼 경우에는 후보가 여럿 있다. 거대동물이 멸종한 플라이스토세 후기, 농업이 시작되고 퍼져나가면서 특히 쌀 생산으로 인해 대기 중 메탄이 증가한 5000년 전, 인위적 토양이 확산된 2000년 전, 글로벌 체계가 확립된 약 500년 전(오르비스 못), 산업혁명이 시작된 약 200년 전, 이 모든 시점이 인류세의 시작점으로 인정될 가능성이 있다. 그중 몇몇은 앞서 언급했던 빙하 코어 속 표지처럼 층서학적 증거로도 나타난다. 그러나 인류세실무단은 이런 증거들이 인류세가 지질시대로 등록되는 것을 보장할 만큼 층서학적 기준을 충족시키지는 못한다고 판단하고 있다.

스미스와 제더는 굳이 새로운 GSSP를 제정할 필요가 없다고 주장한다. 단지 홀로세를 홀로세/인류세라고 이름을 바꿔 부르면 충분하다는 입장이다. 혹은 대안으로 인간이 지구에 일으킨 변화의 시작을 비지질학적인 시대인 '고인류세'로 명명하자고 제안하기도 한다. 한편 러디먼을 비롯한 여러 학자들은 인류가 지속적으로 환경을 변화시켜왔다는 특성을 고려해볼 때 인류세를 지질시대로 인정할 필요는 없고, 대신 소문자로 시작하는 일반명사로 비공식적으로만 사용해야 한다고 제안한다. 이런 제안들은 공통적으로 인간이 지구환경을 변화시켜온 유구하고 다채로우며 통시적인 역사에 초점을 맞춘다. 복잡하게 얽혀서 오랫동안 진화해왔고, 아직도 진행중인 인간이 초래한 지구환경 변화의 역사를 볼 때, 산업혁명이나 거대한 가속은 단지 가장 최근에 나타난 사건이자 가장 두드러진 사건에 불과하다는 것이다.

인간 세계를 연구하는 층서학자들은 인간 사회와 자연환

경이 변화하고 진화해온 과정이 누적적이고 지속적이며, 혼종적이고 통시적이며 복합적이라는 사실을 입증했다. 인간이 환경을 변화시킨 물적 증거도 그와 마찬가지로 복잡하고 통시적이어서, 역사적으로는 깊게, 지리적으로는 넓게 지구상에 분포해 있다. 고고학적 관점에서 보면 인간이 지구환경을 변화시키는 일은 결코 최근의 현상도 아니고 특별한 현상도 아니다. 인간 세계는 언제나 인간 스스로가 만들고 변화시킨 것이었다. 지구 역사에 존재했던 거의 모든 인간 사회는 자신의 선조들이 이미 변화시켜놓은 환경 속에서 살아갔다.

비록 오늘날보다 규모도 작고 속도도 느렸지만, 초기 인류도 지구를 변화시키면서 퇴적층에 영구적인 증거를 남겼다. 단지 그런 증거가 더 깊숙한 층서에 박혀 있고, 시간에 따라 널리 흩어져 있을 뿐이다. 고고학자들이 중요하게 여기는 탐구 대상은 인간의 흔적이 선사시대부터 지금까지 점진적으로 쌓여서 형성된 층서와 그것이 내포하고 있는 특징이다. 고고학자들은 단순히 정확하게 시대의 경계를 구분하거나 인간에 의한 심대한 지구 변화의 증거를 암석 표지에서 찾는 데 주된 관심을 두지는 않는다.

제 6 장

오이코스
(Oikos)

처음부터 인간에 의한 생태계 변화는 인류세로의 이행을 가져오는 주요한 동력이었다. 대멸종, 외래종 침입, 온실가스 배출, 기후변화, 토양 변질, 물 순환 체계의 변형, 자연 서식지의 거대한 인공 경관으로의 전환 등은 모두 인간에 의한 생태계 변화 때문에 발생했다. 생태과학과 환경과학은 이러한 변화의 특징을 포착하는 데 중요한 역할을 해왔으며, 동시에 그런 변화가 단순히 자연계에서 일시적으로 일어난 이상 현상으로 치부되어서는 안 된다는 점을 알리고자 노력해왔다. 예를 들어 인류세는 자연 서식지를 회복하고 보전하려는 사람들에게 더욱 거대한 난제를 안겨준다. 인간이 바꾸어놓은 행성에서 '자연 서식지'의 의미는 도대체 무엇인가? 국제적 규모의 자연보전 단체인 국제자연보호협회에서 수석 과학자로 일했던 피터 커레이버(Peter Kareiva)는 2011년에 발표하여 논쟁을 일으킨 논문 「인류세 시대의 보전」에서 아래와 같이 현 상황을 요약했다.

> 지구적 규모로 일어난 변화에 대한 반작용으로, 오염되지 않은 태초의 자연이나 황무지에 대한 사람들의 향수가 다시금 강력해졌다. 그렇지만 이미 인류세로 진입해버린 이 시대에, 섬처럼 남겨진 홀로세의 생태계를 보전하려는 노력에만 계속 집중하는 것은 시대착오적이며 비생산적이다.

생태과학이 산출한 성과가 인류세의 특징을 포착하는 데 도움을 준 측면이 있기는 하지만, 분과 학문으로서의 생태학은 인간 사회에 의해 변화된 지구 생태계를 새롭게 접근해야 한다는 필요성 때문에 재편되기도 했다. 새롭게 등장한 패러다임은 자연의 가치가 무엇인지, 점점 더 인간에 의해 변화되는 생물권의 생태학을 형성하고 조직하는 데 있어 인간의 역할이 무엇인지를 재정의하였다.

자연을 분할하기

'집'을 뜻하는 그리스어 단어 '오이코스(oikos)'에서 유래한 생태학은 비교적 최근에 생긴 통합 과학으로 유기체와 환경 사이의 상호작용을 이해하는 데 초점을 맞춘다. 예컨대 육식동물, 초식동물, 식물을 연결하는 '먹이사슬', 동식물 개체수의 공간적 분포 형태, 유기체와 비생물 환경 사이의 생물지구화학적 흐름 등이 생태학의 관심 분야다. 19세기 말에 등장한 생태학은 자연사, 즉 박물학에 깊은 뿌리를 두고 있는데, 이 계보는 아리스토텔레스 혹은 그 이전 시대까지도 거슬러올라갈 수 있다. 다윈도 박물학자였으며 생명을 종으로 분류한 린네(1707~1778)도, 생명의 지구적 환경 패턴을 지도로 그려낸 훔볼트(1769~1859)도 모두 박물학자였다.

다윈을 비롯한 대부분의 박물학자는 인간을 연구 대상으로 삼는 데 큰 불편을 느끼지 않았다(적어도 선사시대 인간이나 동시대의 비유럽인을 대상으로 한다면 말이다). 그러나 이런 추세는 18세기 말 뷔퐁 백작이 '본래의 자연'과 인간에 의해 '문명화된 자연'을 구분하면서 변화하기 시작했다. 인간과 비인간 자연의 구분은 생태학을 포함한 자연과학이 부상하면서 심화되었다. 그리고 인간 세계에 대한 연구는 오롯이 사회과학과 인문학의 몫으로 넘겨졌다. 고고학자와 인류학자처럼 생태학자도 더 작은 장소나 지역을 조사하는 연구 전통을 발전시켰는데, 그 과정에서 인간계와 자연계 사이의 지역적이고 지구적인 상호작용은 연구 대상에서 배제되었다.

자연을 둘로 나누는 데는 언제나 어려움이 따랐는데, 특히 나누는 사람이 누구냐에 따라 더 심각한 문제가 되기도 했다. 그러나 이 어색한 구분 덕택에 생태학자는 인간 사회가 가진 생태계 변형 능력을 더 민감하게 포착할 수 있었다. 뷔퐁 백작은 이미 1778년에 "인간의 힘이 가해진 흔적이 지구 표면 전체에 남았다"라고 주장했다. 생태학자 피터 비투섹(Peter Vitousek)과 동료들은 1997년 〈사이언스〉에 매우 영향력 있는 논문을 발표하면서 "우리는 인간이 지배하는 행성에 살고 있다"라는 증거를 제시했다. 그리고 인류세라는 용어를 처음으로 사용한 사람이 파울 크뤼천이 아니라 호수 생태학자 유진 스토머였다는 사실도 떠올려보도록 하자.

태고의 자연이라는 신화

인간의 영향이 미치지 않은 자연 서식지와 생태계를 연구하기 위해서 많은 생태학자는 인간활동의 증거가 명백히 나타나지 않는 지역(특히 북아메리카 대륙)을 찾아다녔다. 그러나 인간에 의한 기후변화가 무시할 수 없을 정도로 폭넓게 나타나는 시기 이전을 대상으로 하는 경우에도, 이런 전략은 과학적으로 명백하지 않은 부분이 있다.

고생태학자(palaeoecologist)는 생태학계의 층서학자로서, 과거 생태계의 물질적 잔존물을 가지고 과거의 생태적 변화를 재구성한다. 고고학자, 고생물학자(화석 전문가), 환경사학자 등과 함께 수행한 연구를 통해, 고생태학자는 인간에 의한 생태계 변화가 플라이스토세 후기부터 현재에 이르기까지 계속 생태적 유산을 남겼음을 입증하였다(그림 34). 털매머드처럼 몸집이 큰 초식동물이 멸종하면서 초원은 산림지대로 변했다. 또한 식생 관리를 위해 인간이 불을 사용하면서 토양이 교란되고 영양분 수준이 바뀌기도 했다. 심지어 초기의 농업활동도 여러 경관에 걸쳐 영양소의 구성을 재배열했는데, 어떤 곳에서는 토양 비옥도를 상승시키고 다른 곳에서는 토양 비옥도를 하락시켜서 토양의 화학적 구성과 여러 특징을 영구적으로 변화시켰다. 과거의 인간이 토양에 남겼던 흔적은 수백 년, 심지어 수백만 년 후에도 남아서 지금도 종의 구성이나 식물의 생산성에 영향을 미치고 있다. 수렵채집민, 농경민, 교역민이 교역활동이나 이주를 하면서 많은 생물종을 옮긴 결과, 생물종이 여러 지역에 걸쳐 재분배되기도 했다. 이 모든 인간의 영향은 장기간에 걸쳐 호수, 연못, 습지 등 저지대 지형에 층서학적 기록으로 축적되었다. 화학적 성질이나 동위원소 기호가 변하는 숯, 꽃가루처럼 퇴적물로 직접 축적되는 경우도 있고, 영양분의 구성 변화나 여타 외부 영향에 반응하는 규조류(미세한 돌말류) 또는 수생 식물들처럼 간접적으로

(a)

(b)

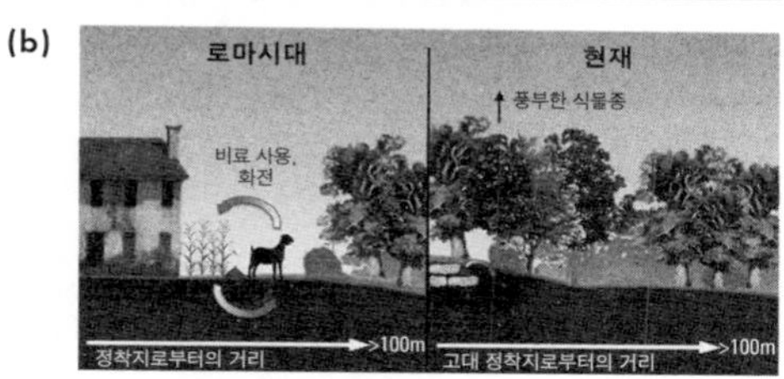

(c)

34. 장기간에 걸쳐 생태학적 변동이 일어난 경관의 모습. (a) 몸집이 큰 초식동물의 멸종이 가져오는 영향. (b) 고대 농업 방식이 장기간에 걸쳐 숲 토양의 지구화학적 구성 및 식물종 다양성에 미치는 효과. (c) 호수의 분수령에 인간의 문화적 교란이 발생했을 때 나타나는 생태계 반응 현상.

축적되는 경우도 있다.

여러 고생태학적 단서들을 통해 인간의 영향이 없을 것 같은 지역에서도 오늘날의 생태적 패턴과 과정이 이전의 인간 사회에 의해 형성되었음이 입증된다. 만약 매머드가 아직도 살아 있다면 북유럽이나 캐나다의 식생이 어떨지 상상해보라. 입맛에 맞는 나무를 확산시키려는 인간들의 노력은 아마존 우림의 나무 분포까지 바꾸어놓았다. 예컨대 브라질너트는 수천 년 동안 열대우림에 사는 사람들이 퍼뜨렸고, 아직도 대부분 야생으로 수확되고 있다. 수렵채집민과 초기 농경민이 불을 이용하고 화전농업을 하고 선호하는 종을 퍼뜨려 증식시키는 등 다양한 방식으로 토지를 사용한 결과, 아마존과 콩고 일대의 광대한 열대우림의 대부분이 특정 방식으로 재구성되었다는 증거가 계속해서 나오고 있다. 그런데도 많은 생태학자와 보전론자들은 인간이 거주하지 않는 지역을 단순히 인간의 영향이 미치지 않는 자연 서식지라고 간주하는 경향을 보인다.

대부분의 유럽, 아시아, 그리고 아프리카 일부 지역은 일반적으로 인구가 매우 많고 인간에 의한 변화도 크기 때문에 잘못 해석할 여지가 없다. 그러나 아메리카와 오스트랄라시아〔호주, 뉴질랜드, 서남태평양 제도를 포함하는 지역 ― 옮긴이〕에 정착한 유럽인의 후예들은 빽빽한 숲을 인간의 손이 닿지 않은 '태고의' 자연 서식지라고 착각했다. 사실 그런 곳은 그 이전 인간 사회가 장기간에 걸쳐 관리했다가 회복 과정에 있을 가능성도 있다. 지리학자 윌리엄 데네반(William Denevan)은 1992년 논문에서 그런 오류를 「태고의 자연이라는 신화: 1492년 아메리카 대륙의 풍경」이라는 제목으로 적절하게 표현했다. 팀 플래너리(Tim Flannery)도 『미래의 포식자들』에서 오스트레일리아 경관에 대한 유사한 이야기를 풀어냈다. 홀로세가 시작되기 이전에 이미 전 대륙의 여러 지역이 인간활동으로 인해 변모하고 있었다. '태고의 자연이라는 신화', 즉 오늘날 인간이 거주하지 않는 지역이 인류의 영향이 미치기 이전의 생태를 나타내준다는 믿음은 현재의 생태 패턴이나 생태 과정을 이해하는 데 심각한 장애물로 작용하고 있다.

교란

호수에서 추출된 오래된 퇴적물 코어는 장기간의 생태 변화를 가장 확실하게 보여주는 기록 중 하나다. 캐나다 온타리오주의 크로포드 호수에서 추출되어 유진 스토머의 도움을 받아 분석된 코어는 고고학자, 인류세에 비판적인 지질학자, 그리고 인류세실무단 소속 학자들이 인간에 의한 생태 변화의 복잡성을 논의하는 데 매우 적절한 표본이 되었다(그림 35,

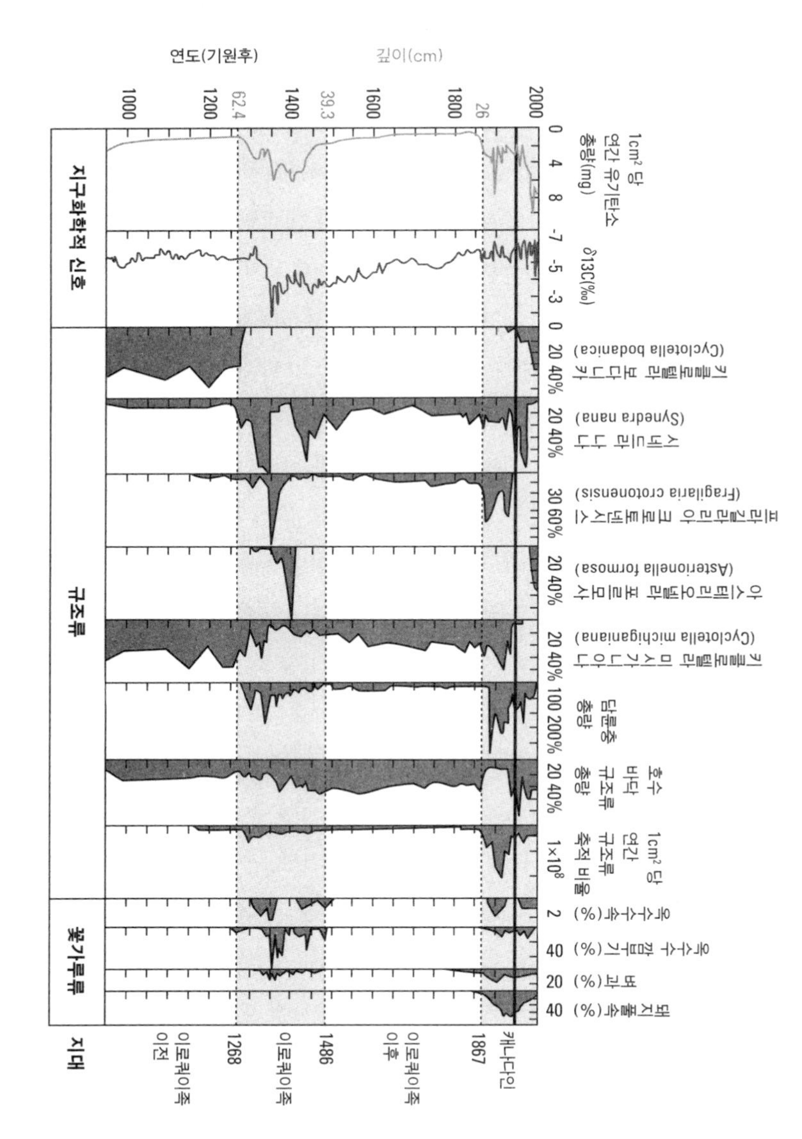

35. 크로포드 호수 퇴적물 코어에 나타난 인간활동의 층서학적 표지들.
$\delta^{13}C$ = C-12 대비 C-13 비율.

그림 34의 c). 이 코어에는 크로포드 호수 주변에서 1000년 넘게 일어났던 생태 변화가 기록되어 있다. 농업에 의해 영양분이 유입되어 조류 생산성 및 유기 탄소가 증가한 현상, 다양한 규조류의 개체수가 변화한 현상 등이 모두 코어에 기록되어 있다.

농업적 토지 사용 때문에 옥수수나 여러 잡초의 꽃가루가 퇴적층에 남았고, 심지어는 옥수수 병의 일종인 흑수병의 진균 포자도 남았다. 크로포드 호수 퇴적 코어를 분석해보면, 1268년에서 1486년 사이 이로쿼이족(Iroquois)이 호수 주변에 정착하고 옥수수를 재배했으며, 그에 따라 토양이 침식되고 호수로 들어가는 영양분이 증가했다는 점이 명확히 드러난다. 그 이후 농업이 중단되었다가 1867년 유럽계 정착민(캐나다인)이 크로포드 호수 일대를 식민화하면서 다시 옥수수를 심고 호수를 오염시켰다. 20세기 중반에도 토지이용 양상에 변화가 있었다는 명백한 층서학적 표지가 있다.

크로포드 호수를 비롯한 여러 호수에서 발견되는 역동적인 고생태학적 기록을 보면 인류가 생태계에 일으킨 교란이 얼마나 복합적인지 곧바로 드러난다. 물론 전부는 아니지만, 일부 호수의 퇴적층에서는 20세기 중반에 형성된 방사성 낙진층이 발견되기도 한다. 이 낙진층이 특정 생물적, 화학적 변화와 상응할 경우, 인류세실무단은 지구적으로 적용 가능한 인류세 지표를 수립할 수 있게 된다. 실제로 그렇게 지표를 수립할 수 있는지와 무관하게, 인간이 초래한 변화의 고생태학적 기록에 초점을 맞춰온 생태학자 유진 스토머와 여러 과학자들의 입장에서 볼 때 인간이 생태계와 생물 군락에 일으킨 교란이 복잡하고 역동적이며, 통시적이고 장기간에 걸쳐 이어져왔다는 증거는 충분하다.

인간이 존재하지 않는다고 하더라도 생태 변화의 역동성은 복잡하다. 가장 대표적인 예는 화재다. 건조한 지역에서 불은 주기적으로 일어나서, 숯과 영양분 퇴적층, 그리고 2차 천이의 각 단계에 있는 소규모 식생 지역 퇴적층을 모자이크 모양으로 남긴다. 이런 지역에서 불은 생태계의 작동을 위해 정기적으로 특정한 역할을 수행하며, 거듭해서 발생함에 따라 일종의 '교란 체계'를 구성한다. 이로 인해 많은 생물종이 발화를 지연시키는 나무껍질이나 화재에 의존하는 종자 발아와 같은 적응 기제를 발전시키기도 한다. 예컨대 북아메리카의 방크스소나무는 숲에 불이 나서 강한 열에 노출되어야만 솔방울을 열어 씨앗을 방출한다.

교란 체계의 중요성을 이해하기 전까지 생태학자들은 식생을 보호하기 위해서 불을 억제하라고 권했다. 그런 권고 때문에 불에 적응했던 생물종이 번식에 실패했고 불에 잘 타는 바이오매스가 오랜 시간에 걸쳐 축적되었다. 결국 불은 억제되지 못했으며 예전보다 훨씬 더 강렬하게 타올랐다. 때로는 흙이 타버리는 경우까지 있었다. 그래서 생태학자들은 쓰디쓴 교훈을 얻었다. 교란은 생태계와 생물 군락을 위해 중요한 역할을 하며, 교란을 억제하면 오히려 군락과 서식지를 파괴하는 결과로 이어질 수 있다는 것이다. 나아가, 오스트레일리아나 북아메리카 동부 등지에서 수천 년간 생태계 경관을 형성했던 불의 체제(fire regime)는 인간에 의해 만들어진 것으로, 수렵채집민과 농경민이 의도적으로 불을 이용하여 식생을 관리한 결과물이었다.

인간과 환경 간 상호작용의 역학이 복잡하기 때문에 주요한 생태적 변화가 실제로 발생했는지를 포착하는 작업은 쉽지 않다. 포착이 가능하게 하려면, 생태학적 매개변수인 '가변성의 역사적 범위'를 특징지어야 하는데, 여기에는 여러 생물종의 개체수 변이, 비생물적 환경조건, 시간에 따른 불 또는 여타 교란 현상의 빈도 등도 포함된다. 이 역사적 범위를 참조 상태 혹은 '기준' 상태로 수립하고 나면, 그 범위를 벗어나는 현상들에서 생태학적으로 주요한 변화 증거를 수집할 수 있을 것이다.

여섯번째 대멸종

멸종은 인간 사회가 야기한 가장 주요한 생태 변화 중 하나다. 멸종의 원인은 여러 가지가 있다. 플라이스토세부터 시작된 인간의 과잉 개발은 지금까지도 중요한 원인으로 남아 있다. 농업과 정착을 위한 토지이용은 오랫동안 육지 생물이 멸종한 가장 유력한 원인이었고, 여전히 그러하다. 인간의 토지이용은 자연 서식지를 축소하고 분할하며 변형시키기 때문에, 취약한 생물종이 이용할 수 있는 자원은 줄어들고 해당 생물종은 더 작고 생존력이 낮은 군집으로 쪼개져서 결국 멸종할 가능성이 높아진다. 외래종의 도입도 토착종의 멸종에 큰 역할을 했다. 특히 작은 섬처럼 특정 지역에만 서식하는 고유종은 가장 취약한 것으로 밝혀졌다. 쥐, 돼지, 개, 고양이 등의 외래종은 토착종이 방어 체계를 진화시킬 겨를도 없이 파멸에 이르도록 만들었다. 멸종 사례로 잘 알려진 도도새나 이스터섬의 나무들은 인간이 과도하게 사냥하거나 벌목을 해서 사라졌다고 알려졌으나, 이제는 해당 지역에 들어온 각 외래종이 도도새의 알이나 이스터섬 나무의 씨앗을 먹어버린 탓이라고 여겨진다. 최근에는 살충제인 DDT를 비롯한 독성 오염원이 먹이사슬의 가장 위에 있는 생물종을 멸종위기로 내몰고 있다. 또한 인간에 의한 지구적 기후변화가 멸종을 유발한 가장 강력한 원인으로 떠오르고 있다. 기후변화는 지구의

'여섯번째 대멸종'으로 불리는 현상 이면에 있는 여러 가지 인류세적 압력을 증폭시킬 것으로 보인다.

멸종은 새로운 일이 아니다. 지구상에 존재했던 모든 생물종의 99%는 멸종했다. 주로 화산활동이나 여타 지질학적 에너지 때문에 발생한 대규모 기후변화로 다섯 번의 대멸종뿐 아니라, 셀 수 없이 많은 소규모 멸종 사건이 발생했다. 장기간에 걸쳐 상대적으로 지속되는 기본 멸종률이라는 것도 존재한다. 만약 인류가 정말로 대량 멸종을 야기하고 있는지 검증해보려면 현재의 멸종률을 과거의 기본 멸종률, 즉 역사적 기저로 지속된 멸종률과 비교해볼 필요가 있다(그림 36). 생태학자 스튜어트 핌(Stuart Pimm)과 고생물학자 토니 바노스키(Tony Barnosky) 등에 따르면, 연간 100만 종 당 멸종하는 종의 추정치를 통해 비교한 결과, 현재 척추동물의 멸종률은 기본 멸종률보다 적어도 열 배, 많게는 천 배 정도 높으며 최근 수백 년 동안 눈에 띄게 증가해왔다고 한다.

멸종률의 절대치를 정확하게 결정하기 어려운 이유는 많다. 우선 멸종률은 생물을 분류하는 범주에 따라 크게 차이가 난다. 척추동물, 특히 포유류와 조류는 매우 취약한 집단으로 나타나지만 대부분의 식물은 그렇지 않다. 지구에 존재한다고 추정되는 500만에서 1000만 종의 다세포생물 중에서 과학자들이 목록화한 종은 200만 종 미만이며, 따라서 대부분

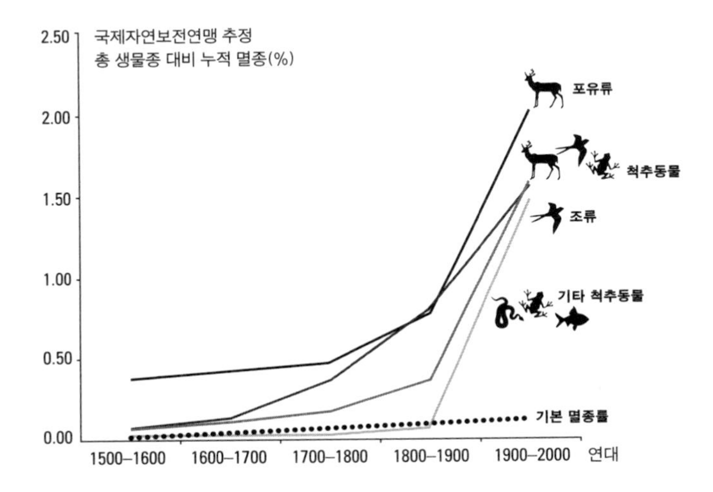

36. 기본 멸종률과 비교한 척추동물의 누적 멸종률.

의 멸종은 해당 생물종이 존재한다는 사실 자체가 밝혀지기 도 전에 일어날 확률이 상당히 높다. 2010년 시점의 연구에 따르면, 지난 400년 동안 멸종했다는 사실이 확인된 종은 단지 1200종 정도에 불과하다. 그런데 멸종을 확인하는 일은 특정 종의 존재를 확인하는 일보다 어렵다. 가령 도쿄에 빈대가 없다는 사실을 확인해야 한다고 상상해보자. 차라리 빈대의 존재를 확인하는 일이 훨씬 더 쉬운 작업이 될 것이다. 더 걱정스러운 문제는 소위 멸종의 부채(extinction debt)라고도 불리는 현상의 가능성이다. 많은 종에서 개체수가 심각하게 줄어들어 유전자풀이 좁아지고 번식에도 지장이 생겨 장차 멸종이 불가피해졌다. 나무처럼 오래 생존해온 종의 경우, 아무리 개체수가 많이 남아 있어도 번식 속도가 감소하면 위험에 빠질 수 있다. 미국밤나무가 그 예다. 미국밤나무의 오래된 그루터기에는 아직도 싹이 트고 있다. 그러나 유럽에서 온 곰팡이 질병에 걸렸기 때문에 씨를 뿌리지 못하고 싹이 계속 죽는 상황이 반복되고 있다.

아직 지구의 여섯번째 대멸종이 도래하지는 않았다. 그렇지만 많은 인간 사회가 역사적 기저 수준을 훌쩍 넘는 정도로 멸종을 가속화시키고 있다. 멸종 문제는 척추동물의 경우에 특히 더 심각하다. 우리 선조들이 육상동물을 멸종시켰던 것처럼, 공장식 선박을 통한 무분별한 대규모 어업은 바다 전체의 생물다양성과 먹이사슬을 빠르게 바꾸면서 해양동물을 멸종시키고 있다. 생물종 소실의 속도를 늦추지 못한다면, 인류세의 생태계는 여섯번째 대멸종, 그리고 생물다양성이 현저히 줄어든 생물권으로 정의되는 운명에 처할 것이다.

동질세(Homogocene)

찰스 엘튼(Charles Elton)은 1958년에 출간한 『외래종 동식물의 생태학』에서 "지구의 동물계와 식물계에서 일어난 거대한 역사적 격변"에 주목하라고 경고했다. 대규모로 생물다양성이 소실되는 것은 시작에 불과했다. 생물종을 세계 각지로 운반한 결과, 인간은 수백만 년 동안 생물 진화를 제한해왔던 지리적 경계를 무너뜨렸다. 1980년대에 이르러 고든 오리언스(Gordon Orians)를 비롯한 생태학자들은 이렇게 지구의 생물종이 섞이는 현상을 '동질세'라는 새로운 시대의 시작으로 명명했다. 지구적 종으로 거듭난 인류는 생물권 자체를 가지고 이동했던 것이다.

적어도 플라이스토세 후기부터 인류는 생물종을 다른 지역으로 실어나르기 시작했다. 당시의 수렵채집민은 자신이 선호하는 종을 다른 지역으로 확산시켰다. 그러나 동질세의 진정한 시작은 농업의 발흥과 함께 인간 사회가 성장하고 장거리 교역망이 확대되면서부터였다. 이 흐름은 콜럼버스 교환, 그리고 지구적 공급망의 등장으로 가속화되었다. 현대의 외래종 분포 패턴도 이런 역사를 반영한다. 즉, 이른 시기에 산업화를 이룩한 북부의 교역 국가들에 외래종이 더 많고, 후발 산업 국가들에는 외래종이 더 적다.

유입된 '외계종' 혹은 '이국종'이 문제가 되기도 하는데, 토착종을 경쟁에서 밀어내고 자원을 과도하게 소비하는 등 토착종의 생존을 위협하고, 침투한 생물 군락이나 생태계를 극적인 방식으로 변화시키기 때문이다. 예컨대 덩굴 식물인 칡은 관상 혹은 가축 사료를 위해 의도적으로 아시아에서 북아메리카로 유입되었다. 그런데 수십 년 만에 숲을 뒤덮고 연간 1억 달러 이상의 피해를 발생시키면서 "미국 남부를 먹어 치운 덩굴 식물"이라는 별명을 얻었다. 칡은 '외래 침입종'으로 확인된 수천 가지 생물종 중 하나에 불과하다. 외래 침입종 가운데 500종 이상은 세계 각지에서 문제를 일으키고 있다. 많은 작물, 가축, 야생 동식물을 괴롭히는 해충과 질병은 상당수 외부에서 유입된 것들이며, 이는 매년 1000억 달러 이상의 피해를 내고 있다. 원인을 알 수 있는 멸종 사례의 약 40%도 외래종 때문으로 추정되고 있다.

물론 모든 외래종이 이런 피해를 주는 것은 아니다. 많은 외래종은 생태계에 위협을 주지 않는 선에서 존재하며, 심지어

반갑게 여겨지는 경우도 있다. 가령 유럽에서는 1492년 이전 로마인 등이 들여와서 토착종의 분포 범위 밖에 정착한 생물을 '구 귀화종'으로 분류하고, 그 이후에 들어온 '신 귀화종'보다는 '더 토착적'이라고 간주한다. 유럽 지렁이는 이제 북아메리카 지역에서 희귀한 토착종 지렁이를 압도하고 있다. 유럽 지렁이가 토양을 비롯한 전체 생태계를 크게 바꿔놓았지만, 유럽 지렁이를 부정적으로 생각하는 사람은 거의 없다. 사실 안정된 토착종 분포 범위라는 개념은 열대 지역 밖에서는 큰 의미가 없으며, 어쩌면 열대 지역에서조차 별 의미가 없을지도 모른다. 수백만 년 동안 온대 지역에 사는 생물들은 빙기와 간빙기 주기에 따라 남북으로 대륙을 이동해왔다. 어느 때보다도 급격하게 기후가 변화하는 현재, 여러 생물종은 생존을 위해 이동해야만 한다. 급격한 기후변화 상황을 고려해볼 때, 적어도 온대 지역 한곳에 계속 머무른다면 멸종으로 가기에 십상이다. 이런 상황으로 인해 온대 지역에서는 토착종과 외래종을 구분하는 것도 어려운 일이다.

인간에 의해 공간적으로 재분배된 생물종은 지구 곳곳의 생태계를 변화시키고 뚜렷한 층서학적 기록을 남겼다. 생태계 변화의 층서학적 표지는 호수 퇴적 코어나 여타 물질적 퇴적층 안에서 생물종이 새롭게 집결되는 형태로 남지만, 이런 표지는 인간이 초래한 지구적 변화의 표지 중에서 가장 복잡하고 통시적인 축에 속한다. 동질세가 도래했다는 사실 자체는 명백하며, 그 증거는 이곳저곳에서 다 나타난다. 동질세는 서로 다른 시기에 걸쳐 나타났던 다양하고 혼재된 변화들이 그 표지로 존재하지만, 인류세의 하부 경계를 표시하기에는 일관된 지표가 없다. 게다가 동질세는 복원과 보전 측면에서도 훨씬 더 어렵다.

변화하는 기준선들

일반적으로 복원과 보전은 역사적으로 참고가 될 만한 조건, 즉 기준선을 통해서 '자연적' 상태를 정의한 다음 생물 개체수, 환경, 서식지를 그 상태로 되돌려놓거나 유지하는 일을 의미했다. 역사적 기준선을 고생태학적 증거나 역사적 증거를 통해 설정할 수 있다고 가정하면 크게 두 가지 과제가 남는다. 첫번째는 적절한 기준선을 선택하는 일이고, 두번째는 생태계를 그 역사적 범위 안으로 복원하거나 유지하도록 관리하는 일이다. 그러나 인간이 장기간에 걸쳐 생태계를 변화시켜왔기 때문에 두 과제 모두 쉽지는 않다.

예를 들어 북아메리카와 오스트레일리아 대륙에서는 복원과 보전의 노력을 하면서 오랫동안 '태고의 자연이라는 신화'를 수용해왔다. 이 신화는 '자연적' 역사 기준선을 유럽인이 처음 도착하기 전 상태로 정의하며, 그 이전에 원주민이 지속적으로 해왔던 환경 변형은 무시한다. 그러나 이 신화에서 정의하는 기준선은 가능성 있는 수많은 '자연적' 기준선 중 하나일 뿐이다. 플라이스토세 후기 거대동물이 멸종하기 전 상태가 유럽인이 도착하기 전 상태보다 더 '자연스럽다'고 보아야 하는 것은 아닐까? 그사이 1000년에 걸쳐 다양한 인간 집단이 이주해오고 이주해간 시기는 어떤가? 결국 많은 가능성 중에서 하나의 특정한 역사적 기준선을 선택하는 일은 과학의 문제라기보다는 가치의 문제에 더 가깝다.

인간이 환경에 가하는 압력으로 인해, 전 세계 대부분까지는 아니더라도 많은 지역에서 생태계를 역사적 기준선 상태로 복원하고 유지하는 일은 실질적으로 거의 불가능해졌다. 생물 군락은 토착종 멸종으로 인해 바뀌고 있으며 침입한 외래종이 그 빈자리를 채우고 있다. 침입종이 다양하면 특정 경관이나 지역 내에서 생물의 종류가 늘어날 수도 있다. 그러나 새로 들어온 외래종은 대개 일반 잡초, 해충 등 침입자 성격을 띠고 있어서 생물다양성을 일시적으로 증가시키면서 동시에 생물균질성도 증가시킨다. 특정 지역이 아닌 지구적 규모로 시야를 넓히면, 동질세가 진행될 때 멸종으로 인한 종 소실이 확연히 나타난다. 한편 기후나 토양과 같은 여러 비생물적 환경조건의 급격한 변화는 이러한 생물적 변화를 증폭시키면서 상호작용한다. 예를 들어 인간이 관개시설을 운영한 결과 오스트레일리아 남부 일대의 토양에는 염분이 쌓였고, 염분에 내성이 있는 외래 식물종이 계속 유입되었다. 이 외래종 가운데 일부는 따뜻한 기후에도 적응하여 살아남아 다른 종을 몰아냈고, 결국 해당 지역의 생물다양성을 전반적으로 감소시켰다.

만약 생물 군락과 비생물적 환경이 역사적인 가변성의 범위를 크게 벗어나게 된다면, 역사적 기준선을 계속 유지하는 일이 가능할까? 복원 생태학자 리처드 홉스(Richard Hobbs)를 비롯한 여러 학자들은 그렇게 전과 달라진 상태를 두고도 역사적 기준선을 고집하면 복원과 보전 노력에 도움이 되기보다는 오히려 방해가 된다고 지적한다. 일부는 역사적이고 일부는 새로운 혼종적 생태계를 원래의 역사적 상태로 효과적으로 복원할 수도 있을 것이다. 그러나 '새로운 생태계'에서는 생물적 조건과 비생물적 조건이 역사적 수준을 넘어 너무나 많이 변동했기 때문에, 전통적 방식의 복원은 성공하기도 힘들고 비용도 많이 든다.

무분별한 정원

인류세에는 복원과 보전을 위한 기준선이 계속해서 변하고 있다. 부여하는 가치에 따라, 그리고 인간 사회가 만들고 유지하는 생태적 조건에 따라 기준선이 형성되기 때문이다. 동식물 군락, 양자 사이의 관계, 그리고 동식물 군락과 주변 환경의 관계가 모두 인간 사회 변동이라는 과거사로 인해 바뀌었다면, 자연 서식지나 자연적 생태계의 의미는 과연 무엇일까? 조작된 토양, 관리된 식생, 부영양화, 오염 등 인간이 만들어낸 조건이 비정상적 교란이 아니라 일반적인 상태라면, 농업적 경관이나 도시 공간 안에서 토착종으로 존재한다는 것의 의미는 과연 무엇일까?

(『브루클린에서 자라는 나무』라는 책에 등장하는 가죽나무처럼) 버려진 건물에서 자라는 나무, 보도를 뚫고 자라는 잡초, 송골매가 도시에서 쥐를 사냥하는 모습 등을 보고 경탄한 적이 있을지도 모르겠다. 여러 생물종이 인간 환경에서 생존하는 법을 배우고 있으며, 일부는 점점 더 잘해내고 있다. 그중에서 까마귀나 큰까마귀처럼 뇌가 큰 조류는 도시와 같이 복잡한 인간 환경에서 생존하는 법을 더욱 잘 터득하는 것으로 밝혀졌다. 외래종의 도입이 새로운 종의 진화를 가속화한다는 증거도 있다. 생태학자 크리스 토머스(Chris Thomas)는 영국에서 유럽 진달래가 북아메리카에서 유입된 유사한 종과 교잡하여 새로운 야생 개체군을 생성했음을 보여주었고, 북아메리카에서는 두 종의 초파리가 교잡을 통해 진화하여 침입종

인 인동덩굴을 오히려 자신의 서식지로 삼았음을 보여주었다.

가장 중요한 점은 인류가 한때 아무런 처벌도 받지 않고 죽였던 생물종을 이제는 적극적으로 되살리고 그들과 공존하기 위해 애쓰고 있다는 것이다. 유럽에서는 늑대가 그들의 옛 사냥터로 돌아왔고 미국에서는 흑곰, 퓨마, 코요테가 돌아왔다. 엠마 매리스(Emma Marris)가 인류세의 '무분별한 정원'이라고 부른 곳, 즉 신종 생태계가 새로운 야생을 형성하는 곳에서도 생명은 번성하고 있다. 그리고 점점 더 인위적으로 바뀌어가는 생물권 안에서 새로운 관계가 형성되고 있다. 이전 환경을 복원하고 보전하는 것 외에도 사회, 사람, 야생, 그리고 전체 생태계가 같이 진화하면서 새로운 형태의 자연을 공동으로 창조하고 있다.

사회생태적 시스템

생태학자들은 인간에 의한 생태계 변화의 원인과 결과를 계속해서 탐구하고 있으며, 인간이 구축한 시스템과 자연의 시스템이 통합되어 있다는 점을 수용하는 새로운 패러다임을 개발하고 있다. 1950년대에 생태학자 하워드 오덤(Howard Odum)은 인간이 생태계에 의존하고 있다는 점을 교과서에서 강조하여 1960년대와 1970년대에 생태학이라는 용어가 대중화되는 데 일조했다. 오덤은 '구 농지 천이', 즉 버려진 농경지의 식생이 복원되는 과정을 연구하기도 했다. 레이첼 카슨은 1962년 『침묵의 봄』을 출간해서 산업용 화학물질이 초래하는 광범위한 결과를 학계를 넘어 일반 대중에게도 알렸다. 한편 미국 뉴햄프셔주 허버드 개천 분수령의 생태계에 대한 연구는 1970년대 산성비의 발견으로 이어졌다. 그리고 1986년 피터 비투섹은 인간이 벌목과 농지 사용을 통해 육지 광합성 총량의 약 40%를 '전유'하고 있다는 추정치를 발표하여 전세계의 주목을 받았다. 크뤼천이 인류세 개념을 제안하기 전인 1997년에, 비투섹은 이제는 고전이 된 논문 「인간의 지구 생태계 지배」를 〈사이언스〉에 발표하여 지구가 인간에 의해 재형성되고 있음을 보여주었다.

1970년대 후반에 이르면 생태학자들은 인간이라는 변수를 더 깊이 있게 다루고, 사회적 과정과 생태적 과정이 결합하는 양상을 연구하기 위해 사회학자들과 협력하게 되었다. 도시생태학, 산업생태학, 농업생태학은 별도의 하위 분과로 떠올랐고, 경관생태학, 보전생물학 등 응용생태학 계열 학문들은 인간에 의해 관리되는 생태계를 연구 대상으로 통합시키기 시작했다. 칼 폴케(Carl Folke)는 1990년대에 '사회생태적 시스템'이라는 인기 있는 개념틀을 발전시켜서, 환경관리 및 사

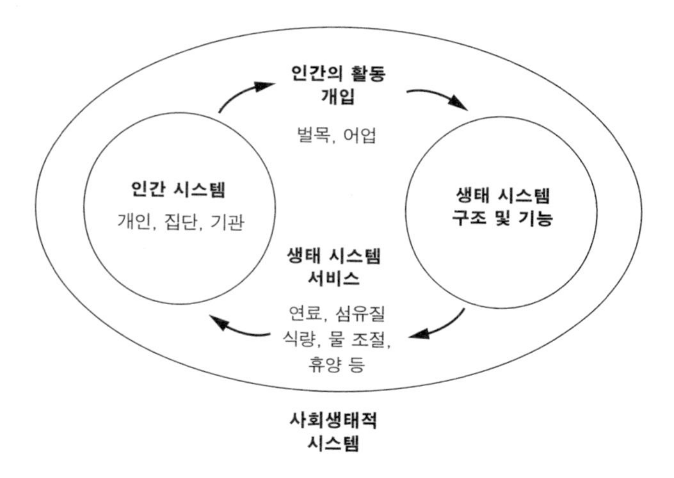

37. 연동되는 사회생태적 시스템의 상호작용.

회변화와 관련된 현실적 문제를 해결하는 데 생태학자와 사회과학자가 더욱 긴밀하게 협력할 수 있는 기반을 마련했다(그림 37). (생태학이 우선시되는) 생태경제학, (경제학이 우선시되는) 환경경제학, 그리고 생태학과 연합한 여러 학문 분과들은 환경관리 과제를 다루는 새로운 도구도 여럿 도입했다. 예컨대 식물 수분(受粉), 깨끗한 식수, 휴양 등 생태계가 사회적 혜택을 제공하는 측면이 있으므로, 이제는 '생태 시스템 서비스'를 인정하고 측정하며 관리해야 한다는 과제가 제기되었고, 그 과제를 해결할 도구가 필요해진 것이다.

또한 생태학자들은 1990년대에 들어서 '활동적 생물권'이라는 모델을 지구 시스템 시뮬레이션에 도입하여 연구 규모를 확장하였는데, 이는 주요한 기후변화에도 불구하고 식생이 여전히 동일한 상태에 놓여 있다고 가정하는 기존 모델에 비해서 큰 진전을 이룬 것이었다. 기존 모델로는 사막처럼 변해버린 환경에서 생존해야 하는 나무를 제대로 연구할 수 없고 지구적 탄소순환 현상도 물리학적 기제 외에는 다른 방식으로 적절히 설명할 수 없을 것이다. 다행히 이제는 생태학자, 경제학자, 지리학자 등이 인간 사회에 의해 변형되는 지구적 생태계를 적극적으로 관찰하고 이해하며 모델화하려고 노력하고 있다. 그러한 연구 대상의 대표적인 예는 토지 사용의 변화 양상이다. 인간의 토지 사용은 생물다양성을 변화시키는 가장 강력한 요인이자 1950년 이전까지 대기 중에 탄소를 배출하는 주된 요인이었다.

인간에 의해 변화한 생물권

지구 육지 생태계의 전반적인 패턴은 오랫동안 기후, 지형, 토양 등 생물이 적응해야 하는 비생물적 환경의 조건에 의해 형성되어왔다. 사막에는 건조한 환경에 적응한 식물이 뿌리를 내렸고 열대우림에는 따뜻하고 습한 기후를 좋아하는 생물이 서식하였으며, 고도가 높은 산에서는 산발치에서 정상으로 올라감에 따라 식생 패턴이 변화했다. 이렇게 생명체가 전 세계의 환경에 정착하는 패턴을 처음으로 묘사한 사람은 1800년대 초 알렉산더 폰 훔볼트였다. 훔볼트는 1800년대 초 생물지리학 분야가 발전하는 데 자극을 주었다. 1930년대 중반에 이르면 생태학자들이 앞서 말한 지구적 패턴을 '생물군계(biome)'라는 개념으로 묘사했다. 생물군계는 가장 큰 범주인 생물권보다 한 단계 아래에 있는 개념으로, 지구적 규모에서 나타나는 생태계 패턴을 의미했다.

생태학자들이 인간에 의해 점점 더 변형되어가는 생물권 연구와 씨름하면서, 인간이 형성한 생태계의 지구적 패턴을 이해하기 위한 시도도 나타났다. 1990년대에 이르면 원격 위성 감지 기술을 이용하여 농경지나 인위적인 지표면, 심지어 야간의 불빛까지 표시하는 세계 식생 피복 지도가 최초로 완성되었다. 2002년 생태학자 에릭 샌더슨(Eric Sanderson)은 이러한 데이터를 도로나 인구 밀도 지도와 결합하여, 점증하고 있는 인간의 영향력 지표를 지도로 나타냈으며, 그런 영향력이 없는 지역을 야생지로 분류했다. 인간에 의해 변화한 생태계는 지구 육지의 80%를 넘는 것으로 추정되었다. 생태계 패턴이 지구적으로 변화했다는 점은 더욱 명백했지만, 당시까지만 해도 이런 변화는 여전히 자연계에서 예외적으로 일어난 교란 정도로 치부되었다.

인간이 육지 대부분의 생물권을 재구성했다는 점이 인정되면서, 이제는 인간과 생태계가 상호작용하여 발생된 지구적 생태 패턴을 다각도로 이해해야 한다는 필요성이 명백해졌다. 이런 필요에 부응하여 필자는 2007년 지리학자 나빈 라만쿠티(Navin Ramankutty)와 함께 전 세계 인구, 농축 산업에 사용되는 토지, 그리고 식생 지표 데이터를 통합하여 인간이 형성한 생물군계, 즉 인위적 생물군계 세계지도를 만들었다(그림 38). 우리 데이터에 따르면 2000년 기준 육지 생물권의 75% 이상이 이미 인위적 생물군계로 변모되어 있었다. 이 75%에는 도시 지역을 비롯한 조밀한 정착지(빙하가 없는 땅의 약 1%), 농촌(6%), 농경지(16%), 방목지(32%), 그리고 인간활

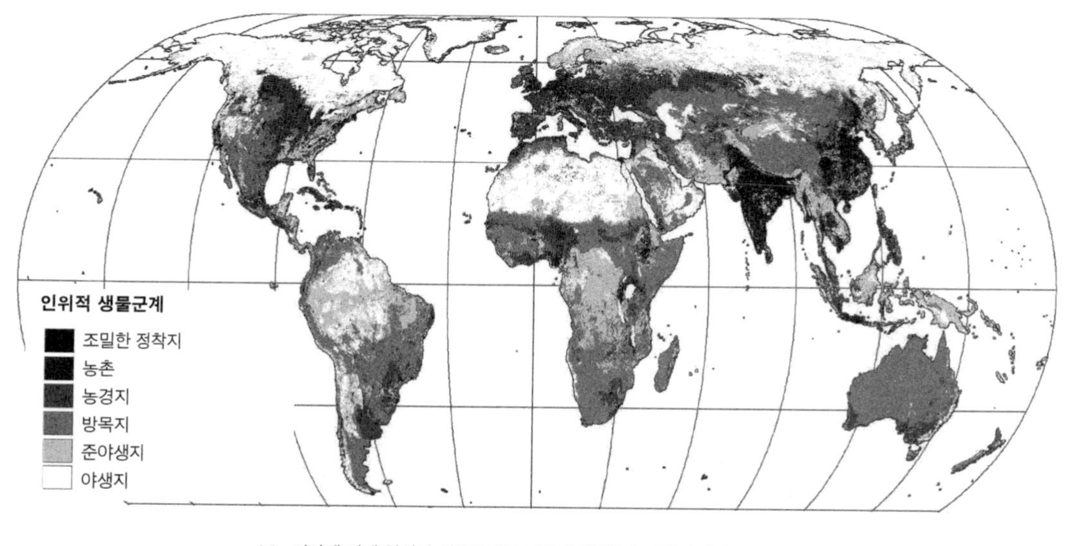

38. 인간에 의해 형성된 생물군계를 나타낸 2000년 시점의 세계지도.

동이나 토지이용이 활발하지 않은 준야생지(20%)가 포함된다. 인간이 거주하지 않거나 사용하지 않는 땅은 육지 생물권의 1/4 미만이다. 후속 연구를 통해 우리는 주요한 인위적 생물군계 지역이 약 8000년 전에 처음으로 나타났음을 입증했다. 또한 우리가 사용했던 역사 자료에 따르면, 인위적 생물군계는 500~2000년 전 사이에 지구 생물권의 절반 이상을 덮어버렸을 것이다. 물론 그런 지역 대부분이 준야생지에 해당하기는 했다. 육지 생물권의 절반 이상이 20세기에 들어와서야 가장 집약적인 방식으로 토지를 사용하는 도시, 그리고 촌락과 농경지, 방목지 등 인위적 생물군계로 탈바꿈했다.

인간에 의한 육지 생물권 변화를 연구하면서 발견한 중요한 점 하나는, 도시나 마을처럼 인구 밀도가 높고 토지를 집중적으로 사용하는 인위적 생물군계 내에서도 토지 사용이 느슨한 지역이 상당히 많다는 점이다. 공원처럼 의도적으로 남겨지기도 하지만 대부분은 산이나 언덕과 같은 환경처럼 농민 혹은 개발자가 농업용이나 기반시설용으로 사용하기에 그다지 적합하지 않다고 판단하여 남겨진 지역이 많다. 결과적으로 인위적 생물군계의 경관은 모자이크 형태가 일반적이다. 적극적으로 사용하는 토지와 그다지 사용하지 않는 토지가 섞여 있는 셈인데, 후자는 인간에 의해 남겨져서 회복중인 생태계라고도 볼 수도 있다. 그렇지만 그런 생태계도 조각조

각 분절되고 인간이 활발히 사용하는 경관 사이에 배치되어 있기 때문에, 수렵, 연료 채집, 외래종 침입, 오염 등 여러 가지 인위적 압력을 받는 공간으로 변모하기는 마찬가지다. 인간이 농경, 목축, 주거를 위해 직접 이용하는 토지는 지구 육지 총면적의 40% 정도이지만, 추가로 35%의 토지도 새로운 생태계로 변모하고 있다. 그 35%의 토지에서도 역사적으로 '자연적'인 기준선을 벗어난 생물 군락과 생태 과정이 나타나고 있다.

인간 사회는 자연계를 교란하는 수준에 머무르지 않는다. 인간의 사회시스템은 지구 시스템 내에서 이미 행성 전체에 영향을 미치는 힘으로 부상하였다. 인류권(anthroposphere)이라는 용어는 인간이 생물권을 변화시켜왔을 뿐 아니라 특정 방향으로 형성하고 유지한다는 사실을 나타낸다. 인간 사회의 연결망은 이제 다른 생명의 그물망과 지구적으로 얽혀 있다. 한 지역에서 내린 결정은 지구 반대편 멀리 떨어진 지역, 혹은 지구 전체의 생태계를 바꾸어놓을 수 있다. 인간의 시스템과 자연의 시스템이 지구적으로 '원격 결합'한 것이다. 인간이 행성 곳곳에 자신들만의 생태적 지위를 계속 구축함에 따라 지구는 점점 일종의 사회생태적 체계로서 기능하고 있다. 점점 더 부유해지고 점점 더 원하는 게 많아지는 인간을 부양하도록 바뀌면서, 지구는 일종의 사회적 신진대사 기능을 하는 셈이다. 이미 지구에 존재하는 모든 포유류의 바이오매스 중에서 90% 이상은 인간과 가축이다. 이런 상태가 얼마나 더 지속될 수 있을까? 지구 생태계가 감당할 수 있는 인구 규모나 생태 변화 폭에는 한계가 없는 것일까?

성장의 한계

토머스 맬서스가 1798년 『인구론』을 출간하기 훨씬 전부터 여러 사람이 "지구는 얼마나 많은 인구를 부양할 수 있는가?"라는 질문을 제기했고 그 나름대로 답을 내놓았다. 예를 들어 1679년 안토니 판 레벤후크(Antoni van Leeuwenhoek)는 계산을 통해 134억이라는 수치를 제시했다. 그렇지만 다윈이 자연선택설을 설명하기 위해 "인구는 희귀 자원에 의해 제한된다"라는 맬서스의 격언을 인용한 다음부터, 맬서스의 개념이 지구의 인구 부양 한계를 과학적으로 논의할 때 핵심적인 위치를 차지하게 되었다. 생태학자들은 1920년대에 맬서스의 개념을 주어진 환경 안에서 인구가 증가할 수 있는 환경적 제약, 즉 '수용력'(K)으로 공식화했다. 수용력을 넘어설 정도로 인구가 늘어나면 곧 위기가 닥친다는 주장이다.

지구의 인간 수용력 초과에 관한 우려는 1968년 스탠퍼드 대학의 생태학자 폴 에를리히(Paul Ehrlich)가 저술한 『인구 폭탄』에서 정점에 달했다. 에를리히는 인구 과잉으로 인해 1970년대에 "수억 명이 굶어 죽을 것"이라고 예측했다. 1972년에 출간된 영향력 있는 『성장의 한계』는 초기 컴퓨터 시뮬레이션 기법을 이용하여, 인구가 '지구적 평형'을 넘어 성장할 경우 '지구의 자연적 생태계 균형'에 어떤 심각한 결과가 초래될 것인지를 탐색하였다. 1994년 에를리히는 "현재 인구인 55억 명은 분명히 지구의 수용 능력을 넘어서는 수준"이라고 말했다. 에를리히가 생태과학에 크게 공헌한 것은 사실이지만, 그가 예측했던 기근이 아직 일어나지는 않았다.

70억이 넘는 현재 세계 인구의 대다수는 역사상 그 어느 때보다도 더 잘 먹고 건강하며 오래 산다. 1970년대 이후 인구 증가율은 급격히 줄어들었고 계속 낮아지고 있는데(그림 39), 이는 교육 수준이 높고 도시에 거주하는 사람들이 소규모 가족을 이루는 경향이 있다는 소위 '인구 변천' 현상에 기인한 바가 크다. 세계 인구는 계속 도시로 집중되고 있고 인구 증가율은 계속 감소하고 있다. 2100년까지 세계 인구가 160억에 달하고 그 이후로도 계속 늘어날 가능성이 있기는 하다. 그러나 주류 인구학자들은 2100년에 약 110억 정도에서 세계 인구가 안정화될 것으로 예측하고 있다.

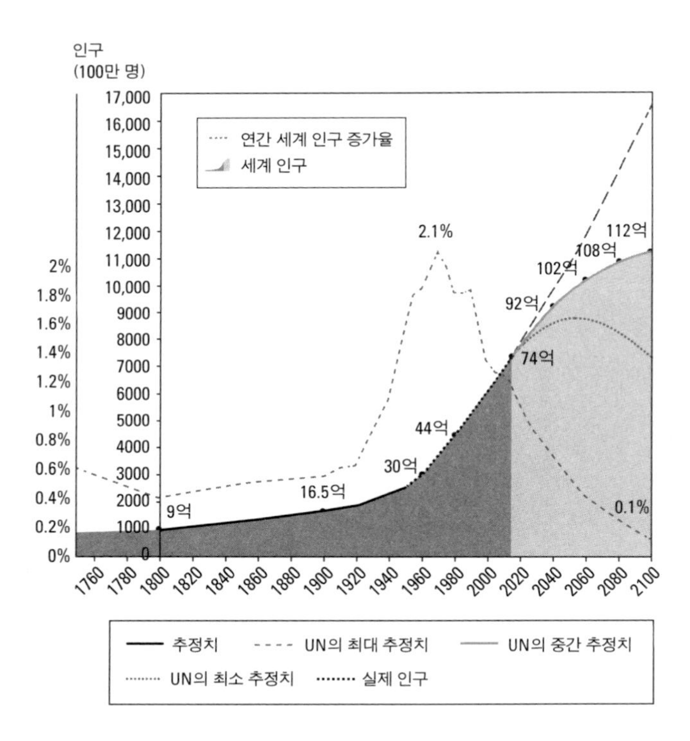

39. 1800년부터 2100년까지 세계 인구의 역사, 추정치, 증가율.

행성적 경계들

인구 증가 속도가 더뎌지고는 있지만 부유한 인구 집단이 더 많은 자원을 요구함에 따라 식량, 물, 에너지 등 자연 자원에 대한 수요는 계속 늘고 있다. 예를 들어 한 환경 단체는 현재 인류가 자신을 위해 사용하는 자원을 충당하려면 지구 1.6개가 있어야 하며, 이는 지구의 생물학적 수용력을 지탱할 수 없는 수준의 '낭비'라고 주장했다. 게다가 많은 과학자들은 현재의 인구 및 자원 수요 수준만으로도 지구의 '생명 유지 시스템'에 손상을 가할 수 있으며, 이는 미래에 파국적 결과를 초래할 가능성이 있다고 우려하고 있다. 가속화되는 기후변화는 지구에서 일어날 수 있는 여러 파국 중 하나에 불과하다.

윌 스테판, 한스 요아힘 셸른후버 등 일군의 과학자들은 2009년 〈네이처〉에 발표한 논문을 통해 지구 시스템의 아홉 가지 변화 양상을 열거하고 '행성적 경계'라는 개념을 제시했다. 덧붙여, 만약 행성적 경계를 넘어서면 "감당할 수 없을 정도의 환경변화가 초래될 수 있다"고 경고했다(그림 40). 행성적 경계는 지구 시스템의 티핑 포인트 개념에서 파생된 분석틀로, 지구 시스템이 한계까지 떠밀려나 '안정적인 홀로세적 상태'로부터 벗어나게 되면 파국적 변화가 초래될 가능성이 있음을 보여준다.

처음 제시되었던 행성적 경계 분석틀과 이후 개정된 분석

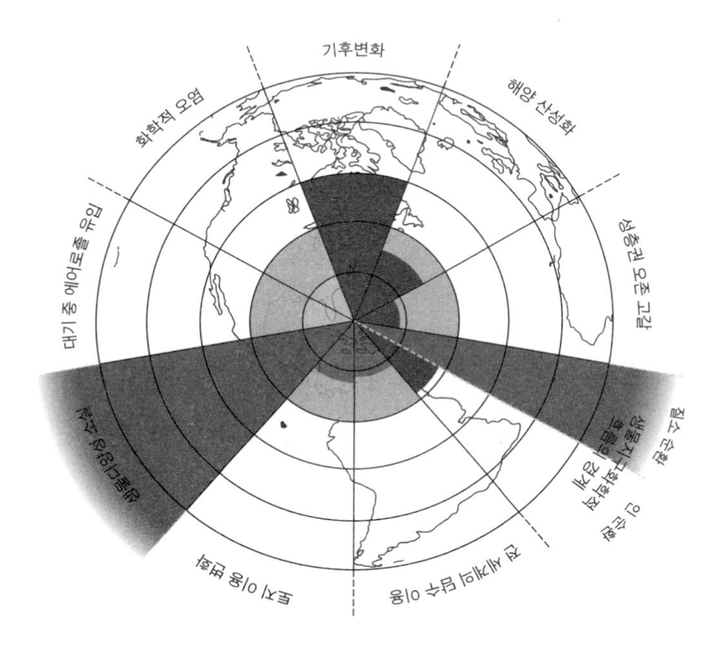

40. 행성적 경계들. 지구적 환경 변수 9가지와 관련하여 옅은 회색으로 표시된 부분은 '안전 한계' 범위를 나타내며, 진한 회색으로 표시된 부분은 그런 한계를 초과했음을 나타낸다(생물다양성 소실, 기후변화, 질소 순환 변화가 해당).

틀은 최근 들어 과학적 차원과 환경 거버넌스의 차원 모두에서 논란의 대상이 되었다. 기후변화, 오존층 파괴, 그리고 해양 산성화를 제외하고는(8장 참조), 지구 시스템이 티핑 포인트에 도달했다는 과학적 증거는 매우 제한적이다. 행성적 경계 분석틀에서 제기하는 여러 가지 지구 시스템 변화는 지역적 변화를 합산한 누적 데이터이며, 티핑 포인트를 산출한다고 알려진 대기 중 온실가스 축적처럼 체계적으로 행성적 변화를 일으키는 종류는 아니다. 정책적 관점에서 보았을 때, 지구에서 일어나는 변화에 일종의 안전 수준을 설정하는 행위는 위험할 수 있다. 특히 그러한 수준 설정과 관련하여 확실한 과학적 근거가 없다면 더 위험하다. 왜냐하면 설정한 안전 수준을 넘지만 않는다면 심각한 문제는 생기지 않을 것이고, 그 수준을 넘으면 절대로 손을 쓸 수 없는 변화가 온다는 인상을 줄 수 있기 때문이다. 이런 관점은 우리에게 한편으로는 방심을, 다른 한편으로는 절망을 심어놓는다. 두 가지 다 적절치 않다. 단 하나의 생물종이 사라지는 것도 절대 가볍게 받아들일 일이 아니다. 각지의 자연 서식지도 마찬가지다. 이렇게 오해로 이어질 위험성이 있기는 하지만, 행성적 경계 분석틀은 인간과 비인간 자연 모두에게 심각한 해악을 유발하는 방향으로 지구를 변화시켜서는 곤란하다는 경고를 해주었고, 여러 가지 심각한 과학적 문제를 지구적 차원으로 제기하는 데

기여했다.

그러나 아직도 의문은 남는다. 인간 사회가 하나의 지구적 힘으로 작용하여 인간 자신과 비인간 자연 모두에게 해를 끼치는 방향으로 지구를 바꾸고 있다면, 우리는 무엇을 할 수 있고 무엇을 해야 하는가? 누구에게 책임이 있는가? 누가 행동해야 하는가?

제 7 장

폴리티코스
(Politikos)

2009년에 출간된 영향력 있는 논문 「역사의 기후: 네 개의 테제」에서 역사학자 디페시 차크라바르티(Dipesh Chakrabarty)는 "인류세는 자유에 대한 서사를 비판하는 개념인가?"라고 물었다. 차크라바르티가 제기한 질문은 인류세 개념이 처음 유래했던 자연과학으로부터 얼마나 멀리 떨어져 이동했는지를 전형적으로 보여준다. 크뤼천이 처음 제안한 이래 20년 동안 인류세는 사회적으로 유의미한 질문을 수없이 촉발했고, 격렬한 논쟁을 불러일으켰으며, 예술가와 디자이너에게 창작의 영감을 불어넣었다.

층서학자들이 인류세의 황금못을 정의하려고 노력하는 동안 다른 학자들은 이 새로운 인간의 시대가 무엇이며 어떠한 함의를 갖는지 질문하고 있다. 불평등의 정치학, 환경 윤리, 파국으로 치달을 가능성이 있는 지구적인 변화 상황 속에서 취해야 할 책임감 있는 행동의 문제 등은 모두 인류세 개념 제안과 연결되어 있다. 심지어 국제층서위원회의 전 위원장인 스탠 피니(Stan Finney)는 인류세가 과학적 의제라기보다는 정치적 언명이 아니냐는 의문을 제기하기도 했다.

오만

몇몇 철학자, 자연보전주의자, 그리고 심지어 지질학자에게 있어 인간의 시대를 지정하는 행위는 과학이라기보다는 인간의 오만과 인간중심주의로 비칠 것이다. '우리'가 대체 무엇이기에 새로운 지질시대를 우리 자신의 이름을 따서 명명한다는 말인가? 그리고 왜 우리는 그런 일을 하고 있는가? '원자시대', '동질세', '탄소세'('화석연료의 시대') 등 이 모든 용어가 우리 시대를 적절하게 나타내 줄 수 있음에도 불구하고 왜 우리는 인간이라는 종을 전면에 내세운 용어를 선택하려는 것일까?

사회학자 아일린 크리스트(Eileen Crist)를 비롯한 여러 학자들은 '인간 지배의 시대'를 인정하면 자연에 대한 인간의 소유권과 파괴를 정당화하게 되고, 자연을 더욱 변형시키고자 하는 미래의 거대한 프로젝트에 터를 닦아줄 뿐이라고 주장했다. 지질학자 스탠 피니조차 인류세를 '공식적으로' 인정하려는 노력이 "현재의 전환 과정에 대해 인간이 주도권을 확보하기 위한 정치적 마음가짐"을 만들어내려는 의도에서 나왔을 수 있다고 우려했다. 피니가 지적하는 마음가짐의 예로 파울 크뤼천이 오랫동안 관심을 가져왔던 지구공학을 들 수 있다. 지구공학은 인간이 유발한 기후변화를 통제하기 위해 의도적으로 지구 시스템을 바꿔놓으려고 한다. 인류세 개념에 비판적인 입장에 따르면, 인간에 의한 지구 변형을 공식적으로 인정하여 인류세 개념을 받아들이면 "인간은 무엇이든 시도해도 괜찮다"고 말하거나 "인간에 의한 지구 변형을 제한하려는 노력은 구시대적이고 불가능하니 다 그만두자"고 말하는 것과 정치적으로 동일한 효과를 가져올 수 있다. 생태학자 에드워드 윌슨(Edward Wilson)은 방금 지적한 방식대로 생각하는 사람들을 '인류세주의자'라고 부르기도 했다. 그러나 윌슨이 정확히 누구를 가리켰는지는 확실치 않다.

마찬가지 방식으로 일부 자연보전주의자들도 인류세를 공식화하려는 입장을 불편하게 여긴다. 자연보전주의자들은 인류세를 받아들이는 입장이 자연의 모든 것을 '인류의 손이 닿은 것'으로 묘사하면서 보전할 자연을 전혀 남겨두지 않는다고 해석하기도 한다. 자연보전주의자들은 인류세 개념에 반대하면서, 지구의 생태계가 전적으로 인간에 의해 변형되었다고 선언하는 일은 인간에 의한 변화 범위를 과장하는 오류이며, "자연보전에 헌신하는 사람들에게는 무력감"을 조장한다고 지적한다. 또다른 사람들은 인류세로 진입한 지구에도 '자연적인 것'이 상당 부분 남아 있으며, 자연적인 것이 희소해졌기 때문에 오히려 자연보전의 가치가 더 올라간다고 주장한다. '인간의 시대' 개념을 물상화할 때 나타나는 부정적 결과를 걱정하는 쪽이든 인간에 의해 근원적으로 변형되는 자연 자체를 걱정하는 쪽이든, 양쪽 모두 인류세를 공식으로 인정하는 일에 대해서는 여러 가지 방식으로 반대 주장을 개진하였다.

묵시록

인류세를 해석하는 방식 중 가장 널리 알려진 것은 인간이 지구 시스템의 작동에 유발한 파국적 전환으로 인류세를 해석하는 것이다. 이런 관점으로 인류세를 인정하는 일은 기후변화, 대멸종 등 인간이 초래한 환경변화의 지구적이고 심각한 결과를 인정하는 일과 마찬가지다. 철학자 클라이브 해밀턴(Clive Hamilton)은 "지구는 이제 돌아올 수 없는 지점을 지났으며, 지구의 작동 방식에 생긴 균열에 대해서 우리는 강한 경각심을 가져야 한다"고 말했으며, 지리학자 에릭 스빙에다우(Erik Swyngedouw)는 "인류세는 자연의 죽음을 역설하는 또 다른 이름일 뿐이다"라고 말했다. 따라서 인류세를 공식적으로 인정하지 못하거나 인류세를 다른 방식으로 해석하는 일은 지구적 환경변화의 심각성을 부정하는 것과 다름없다.

실제로 지구 시스템 과학자들은 인간이 지구 시스템의 작동에 가한 변동을 가리키는 줄임말로 인류세라는 단어를 사용해왔다. 그렇지만 인류세 개념 자체는 기존에 존재하던 증거들의 종합에 해당하며, 지구적 변화나 그 결과에 대한 새로운 증거의 원천은 아니다. 과학자들의 일반적인 인식에 따르면, 인간이 지구 시스템의 작동에 잠재적으로 파국적인 변화를 일으키고 있다는 증거는 이미 풍부하고 다각적이며 상세하고 강력하다. 수십 년 동안의 연구를 통해 증거는 충분히 축적되어왔다. 지구 시스템의 변화를 이해하고 인정하기 위해서 새삼스럽게 인류세라는 용어가 필요한 것은 아니다. 실제로 스탠 피니를 비롯한 많은 지구과학자들은 인류세를 인정하자는 움직임이 오히려 더 중요한 목표로부터 과학적 노력을 분산시키지 않을까 걱정하고 있다. 예컨대 지구적 기후변화나 대멸종과 같은 구체적인 도전을 더 잘 이해하고 다루는 과업에 노력을 집중해야 한다는 것이다. 지질학자 제임스 스코스(James Scourse)는 "인류세주의자들이 별 소득 없는 일을 하는 동안 다른 과학자들은 우리가 직면한 위기를 이해하고 무언가 손을 쓰기 위해 실제로 노력하고 있다"라고 말한다.

인간이 초래한 지구적 환경변화와 인류세를 동일시하는 것은 또다른 문제를 야기한다. 인류세가 지질시대로 인정되지 않는다면, 과연 인류세가 전하려던 메시지는 어떻게 되는가?

압도적인 과학적 증거에도 불구하고, 몇몇 국가의 대중은 인류가 초래한 기후변화, 가속화되는 생물의 멸종, 지구적 차원의 환경변화가 얼마나 심각한지를 두고 입장이 갈려 있다. 인류세를 과학적으로 인정하면 지구적 변화를 더 잘 모면하거나 적응하는 방향으로 대중의 인식과 행동이 바뀔까? 인류세 개념 자체가 그렇듯이 아직 판결은 나오지 않았다.

충돌하는 역사들

과학과 인문학을 분리하는 '두 문화'에 대해서 찰스 스노우(Charles Snow)가 비판하기 훨씬 전부터 인간사 연구와 자연사 연구는 분리되어 있었다. 물론 인간이 자연환경을 바꿀 수 있고 홍수나 가뭄과 같은 자연재해가 인간 역사를 바꿀 수 있다는 점을 역사가들도 인정하기는 했지만, 그 둘 사이의 인과적 연결고리는 대체로 무시되었다. 오랫동안 인간 사회는 중심 무대를 차지했고 자연환경은 배경에 머물러 있었다.

디페시 차크라바르티는 논문 「역사의 기후」에서 인간이 만들어낸 지구적 기후변화와 함께 인간사와 자연사의 분리가 완전히 끝났다고 주장했다. 과거의 인간이 단지 '생물학적인 행위자'로서 자연과 상호작용했다면, 기후마저 변화시키는 현대의 인간은 질적으로 달라진 '지리물리학적 행위자'이자 '자연의 힘'이 되었다. 차크라바르티는 "인류세라는 지질학적 현재는 인간사의 현재와 뒤얽히게 되었다"라고 주장하였다. 그리고 이 뒤얽힘과 함께 자연과 사회는 하나가 되었다.

차크라바르티의 논문이 인문학계에 격렬한 논쟁을 촉발하기는 했지만, 자연과 사회 사이의 구분이 인위적이라는 점을 최초로 지적한 사람이 차크라바르티는 아니었다. 인류학자, 비판적 사회이론가, 그리고 존 맥닐 같은 환경사학자가 수십 년 동안 인간사와 자연사를 연결하는 작업을 해왔다. 환경인문학이라는 분야 전체도 바로 이 기반 위에서 성립했다. 한편 지질학적 행위자와 생물학적 행위자 사이의 차이를 차크라바르티가 과도하게 인식했다는 점도 비판을 받았다. 화석연료를 소비하는 행위 못지않게 생물권을 변화시키는 행위도 지구의 대기, 기후 등 여러 과정을 확실하게 바꾸어놓는다.

차크라바르티를 포함해서 많은 학자들이 인류세 개념과 관련하여 가장 염려하는 것은 인류세를 '안트로포스라는 종의 역사'로 이해하는 것, 즉 지구상 모든 인간을 구분되지 않는 하나의 덩어리로 뭉뚱그리는 것이다. 최소 1960년대 이래로 인문학이 해온 작업은 그런 것과는 완전히 반대였음에도 불구하고 말이다. 차크라바르티는 마지못해 자연과학의 주류 인류세 서사를 수용하기까지 했다. 주류 서사에서는 인류세라는 전례없는 사회적, 환경적 난관에 대응하려면, 종으로서의 인간은 계몽주의적 가치인 합리성의 인도를 받아야만 했다. 예상할 수 있듯이 이 '계몽된 종'이라는 서사는 비판을 받았으며, 자연과 충돌하는 사회에 대한 새로운 개념과 서사의 출현으로 이어졌다.

누구의 인류세인가?

인간만큼 지구를 심대하게 변화시킨 종은 없었다(대기 중 산소 급증은 수천 종까지는 아니더라도 수십 종의 시아노박테리아가 일으켰다). 수렵채집민은 그 수가 적었음에도 광범위한 멸종과 생물권 변화를 초래하였고, 이는 지구 기후가 변하는 원인으로 작용했을 수도 있다. 그렇지만 해부학적 기준의 현생 인류는 수만 년 동안 자신의 조상들과 비슷한 방식으로 생활하였으며, 인류 초기의 환경변화는 오늘날과 비교하면 미미한 수준이었다.

우선 지구를 변화시키는 '인간'의 방식이 단 한 가지는 아니라는 점을 명확히 할 필요가 있다. 사람들은 저마다의 방식으로 환경을 사용하고 변화시키며, 그에 따라 서로 다른 결과를 만들어낸다. 그리고 그런 결과를 경험하는 양상도 사람마다 다르다. 당신은 석탄을 태우거나 밀을 재배해본 경험이 있는가? 아마도 없을 가능성이 크다. 그래도 누군가가 당신을 위해 그런 일을 해주었을 것이다. 당신의 집, 자원 소비, 환경 위험에 대한 노출 등 모든 것이 당신이 속한 사회 및 그 안에서 당신이 하는 역할과 함수 관계에 있다. 지구에서 살아가는 인간의 방식, 즉 우리의 생태학적 지위는 생물학적 조건보다는 사회적 조건에 의해 더 많이 규정된다. 환경을 사용하고 변화시키는 방식은 사회마다 매우 다르다.

인간 사회가 그 어느 때보다도 밀접하게 서로 연결된 오늘날에도, 자원을 사용하는 사회적 방식에는 놀랄 만한 차이가 존재한다. 세계에서 인구가 가장 많은 3개국의 이산화탄소 배출량이 그런 차이를 잘 보여준다(그림 41). 2014년 인구가 14억 명이었던 중국은 총 105억 톤, 1인당 약 7.6톤의 이산화탄소를 배출했다. 미국의 3억 2000만 인구는 총 53억 톤, 1인당 16.7톤의 이산화탄소를 배출했으며, 인도의 13억 인구는 총 23억 톤, 1인당 약 1.6톤의 이산화탄소를 배출했다. 중국의 배출 총량이 미국의 약 2배에 달하지만, 1인당 평균 배출량은 중국이 미국의 절반에 그친다. 평균적으로 인도인은 미국인의

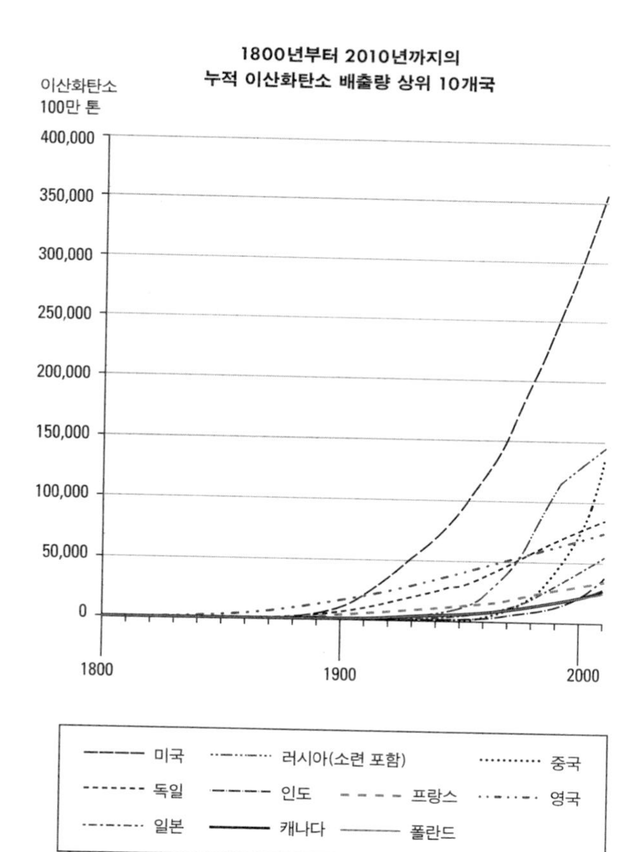

41. 1800년부터 2010년까지의 누적 탄소 배출량.

10분의 1 정도를 배출하며, 몇몇 아프리카 국가에서는 100명이 미국인 1명보다 더 적은 양의 이산화탄소를 배출한다. 한 국가 내에서도 차이가 매우 극명하게 나타난다. 예를 들어, 부유한 도시 거주민은 가난한 교외 거주민보다 1인당 10배 혹은 그 이상의 이산화탄소를 배출할 수도 있다. 지구상에서 가장 빈곤한 10억 명은 화석연료를 써서 탄소를 배출하는 일을 거의 하지 않는다.

그렇다면 호모 사피엔스 전체가 급격한 지구적 기후변화를 일으키고 있다고 말하는 것이 타당할까? 절대로 그렇지 않다. 부유한 국가, 부유한 사람들은 가난한 사람들보다 에너지를 훨씬 더 많이 소비하고 이산화탄소를 훨씬 더 많이 배출한다. 자가용이나 제트기를 타고 여행하는 일은 인간이 할 수 있는 가장 에너지 집약적인 사용 행위 중 하나이지만, 지구상에는 한 번도 그런 행위를 하지 않은 사람들이 많다. 그리고 아주 최근까지도 사실상 모든 에너지는 싸고 풍족한 화석연료로부터 나왔다. 결과적으로 일부 사람들은 부유하고 탄소 집약적인 생활방식을 누리고, 그 대가로 모든 사람은 탄소로 가득찬 대기 속에서 살아가게 되었다.

화석연료 사용으로 인한 탄소 배출을 중단시키지 않으면 지구의 기후변화는 멈추지 않을 것이다. 그러나 대체할 만한 다른 값싼 에너지원이 없다면 부유해지기 위해 여전히 화석연료에 의존할 수밖에 없을 것이다. 급격히 발전하는 산업 경제에 힘입어 중국은 최빈국에서 세계적 경제 강국으로 부상하였으며, 2005년 무렵부터는 미국을 제치고 세계에서 이산화탄소를 가장 많이 배출하는 국가가 되었다. 현재의 각국 배출량을 보면, 지구적 환경변화의 주범이 중국이라고 공격하기 쉽다. 그러나 이 같은 단순한 판단은 더 뿌리 깊은 불평등을 은폐한다. 중국이 산업 발전을 위해 대규모로 화석연료를 태우기 시작한 것은 1980년대 이후부터였다. 미국은 이미 한 세기 이전에, 영국은 미국보다도 수십 년 전에 비슷한 수준의 이산화탄소 배출량에 도달해 있었다. 미국이 1850년 이래 배출해온 총량에 맞먹으려면 중국은 아직도 한참 멀었다(그림 41). 게다가 중국이 배출하는 이산화탄소 총량의 3분의 1 정도는 전 세계 나머지 국가를 위한 수출품을 생산하는 과정에서 발생하고 있다. 즉, 중국의 탄소 배출이 중국만의 책임은 아닌 셈이다.

자본세(Capitalocene)

인류의 이름을 따라 지질시대를 명명하면 지구를 변모시켰다는 비난을 인류 전체에게 하는 것처럼 비칠 수 있다. 그러나 모든 사람이 결코 동등한 정도로 지구를 변모시킨 것은 아니다. 급격한 지구적 기후변화에 주요 원인을 제공한 쪽은 부유한 사회의 부유한 사람들이다. 모든 사람에게 동등한 책임을 묻는 것은 도둑이 아니라 도둑맞은 은행에 책임을 묻는 것과 마찬가지다. 수십억 명의 사람들은 결코 단순히 편의를 위해 값싼 화석 에너지를 사용하지 않았다.

인류 전체를 뭉뚱그려 비난하면 가장 중요한 질문을 놓치게 된다. 이 불평등은 모두 어디에서부터 오는가? 인류가 유발한 환경변화는 사회적인 과정이다. 형광등 스위치를 켜는 것은 한 개인이지만 그 불이 계속 켜질 수 있게 하는 것은 사회 전체다. 사람마다 환경을 변모시키는 정도에 차이가 있다면, 그 차이는 사회적, 정치적, 경제적 과정에서 유래하는 사회 간 불평등, 그리고 사회 내 불평등의 반영이라고 할 수 있다.

자본세는 인류세의 대안으로 많이 거론되는 개념인데, 단 하나로 된 사회적 변화를 콕 집어 비판한다. 인간생태학자 안드레아스 말름(Andreas Malm), 지리학자 제이슨 무어(Jason Moore), 인류학자 알프 호른보르(Alf Hornborg)는 우리 시대를 인류세라고 부르는 행위가 인간이 초래한 환경변화 이면에 있는 진짜 범인으로부터 주의를 분산시키고 있다고 말한다.

2014년 제이슨 무어는 자본세는 "인간이 자연과 맺은 관계의 역사적 전환점과 함께 시작되었고, 이 전환점은 농업과 최초의 도시 출현 이래로 가장 거대한 분수령이었으며, 상대적인 관점에서 보면 증기기관의 등장보다도 더 거대한 분수령이었다"라고 했다. 또한 "전 세계 정복, 끝없는 상품화, 끈질긴 합리화라는 대담한 전략"을 가지고 거대한 사회적 불평등을 초래하면서 지구를 변모시킨 것은 산업화가 아니라 바로 자본주의였음을 지적했다.

말름은 한 발짝 더 나아가 "불균등한 분배가 근대 화석연료 기술 자체의 존재 조건"이라고 주장했다. 활동가 나오미 클라인(Naomi Klein)은 아래와 같이 더 극명하게 표현했다.

> 화석연료는 일종의 희생 구역을 필요로 한다. 언제나 그래왔다. 그리고 희생 지역과 희생자 위에 특정 시스템을 구축하려면 희생이라는 것이 마땅히 존재하며 또 지속되어야 한다고 정당화하는 지적 이론이 필요하다. '명백한 운명'이라는 표어, 무주지(Terra Nullius) 이론, 오리엔탈리즘 등이 모두 희생을 정당화하는 이론들이다. (…) 이런 식으로 특정 사람들이 만들어내고 또다른 사람들이 강력하게 저항했던 시스템은 완전히 고삐가 풀려버린다. 자본주의, 식민주의, 가부장제가 바로 그런 종류의 시스템이다.

위에 제시한 것과 같은 근거로, 자본세 개념을 지지하는 사람들은 자연과학계에서 나온 인류세 서사를 '비역사적이고 비정치적'이라고 비판해왔다. 지구적 환경변화를 구분되지 않는 인류 전체가 같이 만들어낸 것이라고 묘사하면 그런 변화 뒤에서 누가 이익을 얻고 누가 손해를 보는지의 문제를 포함하여 여러 정치적 현실이 은폐되기 때문이다. 역사학자 크리스토프 보뇌이(Christophe Bonneuil)와 장바티스트 프레소(Jean-Baptiste Fressoz)는 2016년에 출간한 『인류세의 충격』에서 한 걸음 더 나아가, 정치적 측면을 무시하는 태도를 그저 순진한 실수라고 치부할 수만은 없다고 지적했다. 보뇌이와 프레소에 따르면, 환경파괴에 책임이 있는 엘리트들은 그들이 초래한 부정적 결과를 항상 잘 인지해왔으며, 대중이 눈치채지 못하도록 현실을 모호하게 만들어왔을 뿐이다.

인류가 유발한 환경변화의 결과를 은폐함으로써 환경변화를 얼마나 거리낌없이 저지를 수 있었는지는 정확히 증명하기 어렵지만, 적어도 그런 은폐 시도가 있었다는 점은 분명한 사실이다. 과학사학자이자 인류세실무단의 단원이기도 한 나오미 오레스케스(Naomi Oreskes)는 그런 사례를 수집하여 기록하였다. 화석연료 산업계의 주요 기업들은 인간에 의해 기후변화가 유발되고 있다는 점을 초기부터 잘 인지하고 있었지만, 그 사실을 숨겨왔고 심지어는 기후변화 연구의 과학적 기반에 의문을 제기하는 캠페인에 재정적 지원을 하기도 했다.

자본세의 음모에 대해 걱정하는 사람들을 더욱 골치 아프게 하는 문제가 또 있다. 인류세 서사로 인해 환경 위험에 대해 세계적인 '각성'이 일어난다고 하더라도, 이런 각성이 오히려 엘리트의 이익에 봉사하는 기술관료제에 의해 통제되는 지구적 환경 거버넌스 체제로 이어질 수 있기 때문이다. 이런 효과를 불러오는 인류세 서사는 헤게모니적 자본주의 엘리트가 저지른 환경 과오를 희석할 뿐 아니라, 그 자체로 정치적인 전략에 해당한다. 전례없는 지구적 환경 위기에 대응할 수 있도록 민감하고 정치적으로 의식화된 전략을 확보하려면, 자본세를 인정하고 기술관료제적 '인간 종 단위'의 인류세 서사를 거부해야 한다.

거버넌스

법학 교수 제데디아 퍼디(Jedediah Purdy)는 2015년 『자연 이후: 인류세를 위한 정치학』에서 "사람들이 무언가에 책임을 지려면 책임질 대상에 이름을 붙이는 작업이 선행되어야 하는데, 인류세의 경우도 마찬가지"라고 말했다. 또한 인류세가 제기하는 엄청나게 복잡하고 악질적인 사회적, 환경적 문제를 헤쳐나가려면 정치적 선거구나 행정적 기반처럼 명확한 단위 주체를 활용해야 준비하기가 수월할 텐데, 퍼디를 비롯한 많은 학자들은 바로 그런 단위 주체가 제대로 정의되지 않고 있다고 강조했다.

인류세의 문제를 '악질적'이라고 일컫는 것은 (일부 사람들은 그렇게 생각할 수도 있겠지만) 인류세가 사악하다는 뜻이 아니라 인류세의 문제가 정책입안자들이 말하는 '악질적 문제'의 완벽한 사례에 해당한다는 뜻이다. 악질적 문제는 합의된 해결책도 없고, 해결책이 제시되어도 그 해결책 때문에 이익을 보는 사람과 손해를 보는 사람이 갈리기 때문에 또다른 문제로 치환될 뿐이다. 악질적 문제는 심지어 문제 자체를 정의하는 일도 어렵다. 간단한 예로 자연 서식지 소실과 기후변화 문제를 들 수 있다. 두 경우 모두 일부 사람들에게는 (식량 생산이나 값싼 에너지와 같은 형태로) 확실하게 이익을 가져다준다. 반면 두 경우에서 초래된 환경적 손해는 측정하기도 어렵고 다양한 집단에게 상이한 방식으로 영향을 미친다. 농경지에서 생산을 중단하고 다른 종을 위한 서식지로 활용할 수도 있겠지만 그러고 나면 어디에서 식량을 생산해야 하는가? 탄소 포집 및 저장(CCS) 방식처럼 탄소를 제거하는 기술을 통해 화석연료에 의한 탄소 배출 문제를 해결하는 것이 나은가? 아니면 태양광이나 원자력과 화석연료를 완전히 대체할 수 있는 대안적 에너지원에 투자하는 것이 나은가? 그것도 아니면 여러 가지 해결책을 혼합하는 것이 나은가? 이런 문제는 빙산의 일각일 뿐이다. 누가 이익을 보고 누가 손해를 보며, 누가 비용을 부담하고 누가 결정을 내리는가? 인류세에서 이 모든 문제는 아직 풀리지 않은 숙제로 남아 있다.

표면적으로는 지구적 환경문제를 다루기 위해 지구적인 환경 거버넌스가 필요해 보인다. 그러나 국제적 거버넌스 틀로 지구적 기후변화 문제를 다루는 시도는 해결책을 도출하기보다는 실패로 귀결된 경우가 많았다. 물론 몬트리올 의정서와 그 후속 협의들은 지구의 오존층을 보호하는 데 대체로 성공을 거두기는 했지만, 유사한 방식으로 이산화탄소 배출을 규제하려고 했던 1990년대 교토 의정서는 환경 거버넌스의 실패 사례에 해당한다. 기후변화를 예방하기 위한 가장 최근의 국제적 틀은 2016년의 파리 협정이었다. 파리 협정은 인간이 지구적 기후변화의 원인이라는 점에 대해 최초로 보편적이고 국제적인 동의를 끌어냈다. 그러나 파리 협정은 아마도 지금까지 제시된 여러 국제 거버넌스 틀 중에서 가장 약한 틀일 것이다. 온실가스 배출 감축을 위한 의무 행동 조항이나 구속력 있는 약속이 포함되지 않았기 때문이다.

지구적 환경문제를 해결하기 위한 노력은 여전히 국제법 제정이나 협정 체결에 초점을 맞추고 있다. 그중에는 "행성적 경계 안에 머무르기 위해서 법적 경계"를 새로이 제안하려는 시도도 있고 국제해양법을 확대해서 적용하려는 시도도 있다. 그렇지만 지구 시스템 거버넌스 프로젝트의 의장인 정책학자 프랭크 비어만(Frank Biermann)을 비롯한 여러 사람들은 인류세가 완전히 새로운 종류의 거버넌스 전략을 요구한다고 주장한다. 그들이 말하는 새로운 거버넌스 전략은 최근 환경이 변화하는 속도, 규모, 과정이 전례없는 양상을 보이며, 서로 놀라운 방식으로 연결되어 있음을 인정한다. 동시에 새로운 거버넌스 전략은 인간 사이의 복합적 불평등뿐 아니라 인간이 초래한 환경변화의 복합적 불평등도 직접 다루고자 한다.

지구적 환경문제를 해결하기 위한 실마리는 지구적 거버넌스인가? 아니면 기업, 비정부기관, 지방자치단체 등 다른 행위자들이 결정적으로 중요한가? 지구적 환경 거버넌스는 1인 1표제 원칙처럼 민주적이어야 하는가? 아니면 국가나 여타 기관의 통치를 받아야 하는가? 한 지역의 농업생산은 증대시키지만 다른 지역의 연안어업은 문을 닫게 하는 비료 보조금 정책처럼, 사회의 한 부문에서는 문제를 해결하는데 다른 부문에서는 문제를 야기하는 정책은 어떻게 해야 하는가? 미래세대의 요구를 현재의 정책과 거버넌스에도 반영할 수 있는가? 점점 더 인간에게 봉사하는 방식으로 바뀌는 이 행성 안에서, 비인간 존재의 권리는 어떻게 될 것인가?

툴루세(Chthulucene)

인류세에 가장 강력하게 대항하는 서사는 발음하기에도 어려운 '툴루세'일 것이다. 툴루세는 2014년 페미니스트 이론가이자 과학철학자인 도나 해러웨이(Donna Haraway)의 논문인 「인류세, 자본세, 대농장세, 툴루세: 친족 만들기」에서 처음 소개되었다. 해러웨이를 비롯해 인문사회과학 분야의 많은 학자들은 인류세 개념이 인간에게만 초점을 두는 것 자체가 문제라고 여겼다. 인류세는 인간이 세계를 완벽하게 통제하고 있다는 잘못된 이미지를 재생산할 위험이 있었다. 따라서 '인간이라는 종 중심의 사고'를 '다른 세계에 대한 사고'와 대결시켜 탈피해야 했다. 즉, 비인간 존재가 중요한 역할을 하는 복잡한 사회적, 생태적 과정의 그물망 속으로 인간을 연계시키고 탈중심화할 필요가 있었던 것이다.

해러웨이는 인간을 탈중심화하는 데 유용하다고 판단하여 자본세 개념을 받아들였는데, 그러면서 오르비스 못과 유사한 측면이 있는 대농장세(Plantationocene) 개념도 가져와 사용했다. 해러웨이는 대농장세의 특징을 다음과 같이 서술했다.

> 인간이 돌보던 다양한 종류의 농장, 목초지, 숲은 파괴적인 방식으로 대농장이 되었다. 대농장은 단순히 생산물을 추출하기 위한 목적으로 조성된 시설이었으며, 외부로부터 고립된 형태

로 운영되었다. 대농장으로의 변모 과정은 노예 노동과 다양한 형태의 착취, 소외, 강제 이주노동을 포함했다.

언뜻 개별적으로 비칠 수 있는 존재들이 촘촘하게 뒤얽혀서 상호연관되어 있다는 점을 상징화하기 위해서, 해러웨이는 소설가 러브크래프트(H. P. Lovecraft)가 묘사했던 신비롭고 우주적이며 촉수가 여러 개 달린 신적 외계 존재('크툴루')를 빌려와 논지를 전개했다〔그러나 해러웨이는 이를 부인하며, 툴루와 크툴루의 철자가 다르다는 점도 지적한다—옮긴이〕. 해러웨이는 자신의 관점을 구축하기 위해 전부는 아닐지라도 대부분의 종 개체가 사실상 다양한 종이 모여 작동하는 집합체라는 최근의 과학적 증거도 원용했다. 예를 들어 인간은 자신의 세포보다 더 많은 수의 미생물을 체내에 포함하고 있으며, 이 미생물은 대부분 소화기관 안에서 생물학적으로 다양한 '미생물군계'를 형성하고 있다. 해러웨이가 보기에 개별성이라는 것은 단지 환상에 불과하다.

해러웨이는 인류세를 인간이 통제하는 세계로 상상하는 것이 무엇보다도 지구를 변화시켰던 '멸종주의' 패러다임을 수용하는 것과 마찬가지라고 주장했다. 인간에 의한 지구 변화를 설명하고 정당화했던 파괴적 서사를 전복하려면, 인간도 다양한 종의 집합체가 상호의존하고 있는 넓은 세계 속에 얽혀 있을 뿐이라고 상상하는 것이 필요하다. 이렇게 인간 존재에 대한 새로운 상상을 불러일으키기 위해서, 해러웨이는 "아기가 아닌 친족을 만들자"라는 표어를 제시했다. 이 표어는 지구상의 모든 '피조물'을 친족으로 포용했으며, 그 피조물에는 공통 조상으로부터 내려온 모든 인간뿐 아니라 생물권 안에 존재하는 모든 생명체도 포함되었다.

사실 해러웨이는 의도적으로 과학적 언어와 거리를 두면서 자신의 서사를 구성했다. 그럼에도 해러웨이의 서사는 지구 시스템 과학의 체계적 사고와 상당히 중첩되는 측면이 있다. 특히 지구상의 모든 유기체가 생물지구화학적 순환 및 에너지 흐름을 통해 기능적으로 서로 연결되어 있으며 비생물적 환경과도 밀접하게 연결되어 있다는 사고는 지구 시스템 과학에서도 통용되고 있었다. 이런 사고는 놀라운 비선형 역학의 출현으로도 이어졌다.

툴루세의 심오한 사회생태학적인 관점은 인류세 최고의 윤리적 난제 중 하나를 강조한다. 바로 인간이 애초에 지구를 변화시킬 권리를 과연 가졌는지의 문제다. 인류세와 툴루세를 충돌시킴으로써, 해러웨이는 '포스트휴먼주의' 사회운동을 실천하는 공동체 전반에 도움을 주었다. 포스트휴먼주의 사회운동은 '종 사이의 위계'를 거부하고 동물 해방이라는 의제를 설정하며, 인간의 가치체계를 넘어서 '자연의 고유한 가치'

를 인정하자는 새로운 형태의 생물 윤리를 지향한다. 환경인문학 교수인 우르줄라 하이제(Ursula Heise)가 말하듯, 이제는 "유일하게 인간에게만 초점을 맞춘 인류세 개념에서 벗어나 인간 너머의 민주주의"로 이행할 시점이다. 여러 가지 측면에서 이러한 새로운 움직임은 많은 비서구 사회가 늘 지녀왔던 문화적 가치, 시각, 서사를 단순히 재발견한 것이라고 볼 수도 있다.

성찰

우리가 사는 세상이 점점 더 우리 자신에 의해 만들어져가고 있다는 경각심을 일깨움으로써, 인류세는 인간 존재의 의미가 과연 무엇인지를 다시 상상하게 만드는 '성찰의 시대'로도 받아들여지고 있다. 인류세를 처음 제안한 사람들이 예상했던 것 이상으로 인류세적 성찰은 강렬한 아이디어나 예술적 표현을 위한 폭넓은 영감을 제공했다. 또한 학계 안팎으로 워크숍, 컨퍼런스 등 많은 모임이 생겨나 인류와 자연을 다시 상상하는 학자, 사상가, 창작자의 저변을 넓혀주었다.

인류세를 통해 새로운 사고를 자극하려는 폭넓은 노력 중 하나는 2013년부터 베를린의 세계 문화의 집(HKW, Haus der Kulturen der Welt)에서 추진한 인류세 프로젝트다. 독일 정부의 아낌없는 후원을 받은 세계 문화의 집은 '기초 문화 조사'를 위해 다수의 전시회를 기획했으며, 세계 각지의 학자, 예술가, 공연자를 초청하는 '모임'을 개최했다. 이런 활동을 통해 세계 문화의 집은 "자연에 대한 우리의 관념은 구식이며, 오히려 인간이 자연을 형성한다"는 '인류세의 핵심 전제'를 확립하였다.

세계 문화의 집의 인류세 프로젝트 '개막' 모임에 참석자로 초대된 나는 인류세에 대한 다양한 해석을 접하고 무척 놀랐다. 나 자신은 인류세적 '사물'에 대한 발표를 하면서 두 개의 물건에 초점을 맞췄다. 하나는 내가 십대 시절 입수한, 녹슨 금속 쓰레기로 형성된 '암석'이었고, 다른 하나는 중국의 한 도시 성벽에서 나온 부서진 벽돌로, 제작자의 이름이 새겨진 물건이었다. 얀 잘라시에비츠도 그곳에 있었는데, 그는 발표하면서 살아 있는 고양이를 보여주었다. 한편 디페시 차크라바르티와 윌 스테판은 기조연설을 했다. 나는 "인류세는 아름다운가?"라는 질문을 두고 엠마 매리스와 공개토론을 하다가, 흥미로운 공연 하나를 놓쳐서 실망했던 기억이 난다. 나체의 남성 공연자가 야생 고양이로 변신하는 동안 실제 야생 여우 한 마리가 무대 위로 뛰어갔다고 들었다. 인류세는 실로 괴이한 신세계가 되어버린 것이다. 세계 문화의 집은 '인류세 캠퍼스'를 주최하고 '인류세 교육과정'을 만들었으며, 아직도 꾸준히 그런 방식의 작업을 지원해오고 있다. 세계 문화의 집 행사 때 받아서 아직도 내가 가지고 있는 티셔츠에는 “우리는 언제?”라는 문구가 새겨져 있다. 예술계와 과학계 사이에서 잘 일어나지 않는 일종의 행운의 반전처럼, 세계 문화의 집은 별도의 재원이 없던 인류세실무단을 위해 첫번째 과학 회의를 개최해주기도 했다.

인류세가 제목에 등장하는 책으로는 『인류세의 예술』 『인류세의 건축』 『인류세의 탄생』 『인류세의 모험』 『인류세에서 죽는 방법 배우기』 『인류세의 사랑』이 있으며, 『잘못된 인류세』라는 시집도 있다. 음악가 브라이언 이노는 〈후기 인류세〉라는 기악곡을 제작했고, 닉 케이브 앤 더 배드 씨즈는 〈인간세〉라는 노래를 불렀다. (캐틀 디캐피테이션이 낸) 유명한 헤비메탈 앨범 〈인류세 멸종〉의 표지는 후기 산업사회의 종말론적 풍경을 배경으로 하는데, 플라스틱 잔해를 뿜어내며 나뒹구는 인간의 시체가 그려져 있다. 인류세를 다룬 다큐멘터리도 여럿 있으며 더 많은 수가 제작중이다.

인류세에 대한 창의적인 해석에는 ‘위기로서의 인류세’라는 공통된 맥락이 있는 것으로 보인다. 자연의 위기, 인간의 위기, 의미의 위기, 지식의 위기, 그리고 무엇보다도 행동의 위기가 있다. 결국 인류세는 실천적 행동을 요구하는 것이다.

제 8 장

프로메테우스 (Prometheus)

한스 요아힘 쉘른후버는 1999년 인류세에 관한 핵심적인 질문을 던졌다. "왜 프로메테우스는 가이아에게 도움을 주는 일을 서두르지 말아야 하는가?" 인간이 지구를 정말로 변화시키고 있다면, 무엇을 해야 하는가? 혹은 더 겸손하게 표현해서, 무엇을 할 수 있는가? 비인간 자연과 인간 모두를 위해 더 나은 결과가 오도록 인간이 지구의 궤적을 바꿀 수 있을 것인가?

과학이 보여주는 바는 명확하다. 인간의 복지는 전반적으로 개선되었지만 동시에 우리 행성은 더 더워지고 오염되었으며, 생물다양성은 줄어들었고 미래는 예측하기 어려워졌다. 전체 지구 시스템은 역사적으로 유례가 없는 상태로 떠밀려가고 있으며, 환경이 급격하게 변화할 가능성은 더 커졌다. 그렇게 되면 지구상에서 가장 자원이 풍부한 사회마저도 살아남지 못할 수 있다. 그 궤적대로 가도록 방치하는 것은 인간 사회뿐 아니라 지구상의 다른 모든 생명체를 가지고 도박을 하는 것과 마찬가지다.

지질학계와 층서학계 밖에서 현안으로 떠오른 것은 자연 안에서 인간의 위치가 무엇이며, 인간을 제외한 지구의 나머지 부분과 어떤 관계를 맺어야 하는지 새롭게 설명하는 일이다. 이런 설명을 위한 서사는 몇 가지 어려운 질문을 제기한다. 예컨대 우리는 우리 행성을 가지고 정확히 무엇을 하고 있는가? 그 서사는 무분별한 파괴의 이야기인가 아니면 각성과 구원의 이야기인가? 인류세의 미래에 전개될 여러 가지 차원, 변이, 대안들에 대해서 우리는 이제야 막 이해하기 시작했음이 분명하다. 아마도 현재 시점에서 핵심은 어떤 설명을 믿어야 하느냐가 아니라, 인간의 요구를 폭넓게 다루는 다양한 인류세 서사가 필요하다는 점일지도 모른다. 인간이 지구에서 어떤 위치를 차지하는지에 대한 설명이 단 한 가지만 존재하는 사회는 거의 없었다.

인류세를 인정하면 더 나은 미래를 위한 행동을 촉발할 수 있을까? 2011년 5월에 있었던 런던지질학회의 인류세 모임에 대해 언급하면서, 〈네이처〉의 편집자들은 분명히 그럴 것이라고 대답했다. 그들은 "인류세를 공식적으로 인정하면 눈 앞에 닥친 심각한 문제에 대해 집중하게 될 것"이라고 했다.

인류세의 기준 못박기

인류세에 대한 관심은 크뤼천이 2000년에 용어를 도입한 이후로 꾸준히 있었다. 그러나 인류세 연구가 본궤도에 올라 활발해진 것은 지질학자들이 관여하기 시작한 2008년 이후였으며, 인류세에 대한 관심이 그야말로 하늘로 치솟기 시작한 것은 2011년 이후였다. 2011년 런던지질학회의 인류세 모임에 참석한 사람은 수십 명 정도였지만, 잘라시에비츠와 그의 동료들은 그 이전부터 인류세 연구를 꾸준히 수행해오고 있었다. 같은 해 3월 〈내셔널 지오그래픽〉은 인류세를 특집으로 다루었다. 1665년에 창간된 (뉴턴과 다윈이 기고하기도 했던) 〈영국 왕립학회 철학회보〉도 2011년 인류세 특집호를 냈는데, 여기에는 런던지질학회 모임에 초대된 연사들 여럿이 논문을 기고했다. 한편 〈이코노미스트〉는 표지에 "인류세에 오신 것을 환영합니다"라고 대서특필하기도 했다.

(필자를 포함한) 인류세실무단은 2016년 〈사이언스〉 1월호에 논문을 발표하여, 지구가 홀로세를 지나 인류세로 진입하고 있음을 설명하는 주요한 과학적 서사로 20세기 중반의 '거

대한 가속'을 제시하고, 여러 가지 과학적 증거를 들어 뒷받침했다. 실무단은 지질시대 안의 새로운 '세'로 제안된 인류세를 지구적이고 공시적으로 정의해줄 수 있는 황금못 후보로 멸종, 삼림 파괴, 가축 사육, 침입종, 농업, 벼농사, 인위적 토양, 심지어 산업혁명까지 검토해보았지만, 모두 너무나 통시적이었기 때문에 기각할 수밖에 없었다. 〈사이언스〉에 실렸던 논문과 후속 논문을 통해서, 인류세실무단은 루이스와 매슬린이 1610년의 이산화탄소 수치 하락에 근거하여 제안했던 오르비스 못도 검토해보았지만 결국 기각하였다. 오르비스 못 가설이 제시하는 표지의 크기가 상대적으로 불충분하고, 지구적 상관성을 입증하기도 어려웠기 때문이다.

2016년 8월 남아프리카공화국에서 열린 국제지질학대회에서는 인류세실무단 단원 35명을 대상으로 실시한 투표 결과가 공개되었다. 실무단은 거의 만장일치로 인류세를 인정했다. 인류세 공식화를 반대한 표는 3표였다. 인류세의 시작을 20세기 중반으로 보자는 입장이 전반적인 지지를 받았지만, 4명은 '통시적' 시작점에 투표했다. 인류세의 층서학적 표지에 대해서는 여러 가지로 입장이 갈려서, 플루토늄 낙진은 10표, 방사성 탄소는 4표, 플라스틱은 3표를 받았다. 기권표도 6개가 나왔다.

인류세실무단 외부의 지질학자 사이에서는 인류세에 대한

찬반 입장이 갈렸다. 여러 가지 비판이 있었지만 가장 일반적인 것은 인류세 개념이 지질과학에 얼마나 유용성이 있겠는가 하는 강한 의구심이었다. 스탠 피니, 필 기바드(국제층서위원회 제4기층서소위원회 전 위원장), 윌리엄 러디먼, 휘트니 오틴, 존 홀브룩, 제임스 스코스와 같은 사람들이 그런 우려를 표명했다. 스코스는 2016년 다음과 같이 말했다.

> 인간이 점차 지구 시스템에 큰 영향을 미치기 시작한 시대를 알아내기 위해서 시간을 측정하고 층서 체계를 확립하는 방법들이 많이 있다. 나무 나이테 측정, 핵무기 실험에 의해 도입된 방사성 동위원소 측정, 빙하 코어의 연도별 층 집계 등이 그런 방법들이다. 우리는 이런 방법을 일상적으로 이용하고 있으며, 딱히 새로운 용어가 필요하지는 않다.

내가 이 책을 쓰고 있는 동안에도 인류세실무단은 호수 침전물, 토탄 늪, 빙하, 동굴을 비롯한 여러 퇴적층서에서 수십 개의 GSSP 후보를 찾아내 검토한 후 걸러내고 있다. 이 과정이 순조롭게 진행된다면 2020년 인도에서 열릴 국제지질학대회 이전에 공식 인류세 GSSP를 제안할 준비가 완료될 수 있을 것이다〔뉴델리에서 2020년 3월에 7일간 열린 이 대회의 테마는 "지리과학: 지속 가능한 미래를 위한 기초과학"이었다—옮긴이〕.

역사적 깊이를 더하기

인류세는 사회변화와 환경변화를 연구하는 여러 학문 공동체 전반에 걸쳐 지속적인 논쟁거리가 되고 있다. 이 논쟁에는 고고학자, 인류학자, 사회학자, 지리학자, 환경사학자뿐 아니라 생태학자와 지구과학자도 참여하고 있다. 흔한 논점 하나는 인류세의 시점에 대한 것이다. 20세기 훨씬 이전에도 인간이 지구를 변화시켰다는 증거는 매우 많으며, 심지어는 플라이스토세 후기까지도 거슬러올라갈 수 있다. 그러나 가장 광범위한 관심을 받는 논점은 고고학자 앤드루 바우어(Andrew Bauer)가 '인류세적 분리'라고 부른 것과 관련된다.

층서학자들이 지질학적 시간을 뚜렷하게 구분되는 단위로 나눈 이유는 지구의 역학이 불연속적이라고 믿어서가 아니라 단지 그런 구분 방식이 실용적이기 때문이다. 그런데 인간이 지구에 가한 변형을 더욱 과학적으로 이해하려고 노력하다보면, 본질적으로 시간축에 나타나는 정확한 경계를 확인하는 데 초점을 맞추기보다는 복잡하고 연속적이며 사회적으로 분화되고 생태적으로 연결된, 그리고 역사적으로 우발적인 과정에 초점을 맞추기 마련이다. 인간이 오랜 시간에 걸쳐 지구를 변화시켜온 연속적 과정에 주목하게 되는 것이다. 이런 폭넓은 관점에서 보면, 인류세실무단이 제시하는 것처럼 1950년 전후로 지질학적 시간을 둘로 나누거나 심지어 몇몇 사람들이 주장하는 것처럼 7000년 전을 기점으로 지질학적 시대를 나누는 작업이 과연 인간에 의한 지구 변형을 이해하고자 하는 과학적 시도에 얼마나 도움이 될지 의문이 든다.

고고학자 칼 부처(Karl Butzer)는 인류세를 '진화하는 패러다임'이라고 보았다. 역시 고고학자인 브루스 스미스, 멜린다 제더, 토드 브라즈는 홀로세와 인류세를 묶어서 하나의 시대로 간주하면 지구의 변화를 장기적인 사회환경적 과정으로 이해할 수 있도록 연구의 초점을 되돌릴 수 있다고 제안했다. 어느 쪽이든, 지구가 인류세로 이행하게 만든 원인은 인간과 사회에 있다. 그런데 인류세실무단은 지질학자가 아닌 학자들도 포함되어 있기는 하지만 층서학자가 주도하는 조직이며, 따라서 인류세를 지질시대로 정의할 때 당연히 지질학적 기준을 주로 따르고 있다. 지질학계를 넘어서 사회과학계와 환경과학계도 인류세를 정의하고 해석하는 데 관여할 충분한 권리가 있다. 사회적, 환경적 변화에 초점을 맞춘 심도 있는 역사 연구를 하려면 대안적이고 포괄적인 인류세 정의를 개발할 필요가 있는데, 사회과학자와 환경과학자는 바로 그런 과업을 맡아줄 수 있는 것이다.

기술권(Technosphere)

지질학자들은 인류세를 연구하기 위해 새로운 형태의 관찰과 분석을 해야만 했다. 지질학자들은 약 5000종의 '자연 광물'과 비교하여 실리콘 소재 컴퓨터 칩, 산업용 연마재, 고대 도자기와 유리 등 인간활동으로 인해 만들어진 17만 종 이상의 '광물과 유사한 합성 물질'을 감별해냈다. 지질학자들은 농업이 바꾸어놓은 토양, 저인망 어업이 교란시킨 해양 침전층 등을 포함하여 오늘날 인간이 바꿔놓은 지구의 전체적 규모도 추정해냈다. 이런 '물리적 기술권'의 규모는 30조 톤으로 가히 충격적이며, 이는 지구에 사는 모든 인간의 바이오매스보다 10만 배나 더 크다(그래도 지구 전체의 질량에 비하면 2억분의 1에 지나지 않는다). 플라스틱 물질만 해도 이제 인간의 바이오매스를 훨씬 뛰어넘는다. 플라스틱은 1950년 연간 생산량이 200만 톤이었는데 2015년에는 3억 톤으로 증가했다. 역대 플라스틱 누적 생산량은 50억 톤이며, 이는 지구 표면 전체를 얇은 플라스틱 층으로 충분히 덮을 수 있는 양이다.

지질학자들은 도시, 도로, 석유 굴착 장치에서 시작하여 전기 제품 포장재, 플라스틱 병, 초극세사 등 엄청나게 다양한 플라스틱 제품에 이르기까지, 소위 '기술화석(technofossil)'이라고 불리는 물질이 형성되는 과정도 탐구하기 시작했다. 강철 대들보, 전기 전선, 플라스틱 등 여러 인공 물질의 미래가 어떻게 될지는 확실치 않지만, 그런 물질이 호수나 해양 침전층, 매립지 등 층서 퇴적층에 남아 화석화될 가능성이 있고, 기존에 생산된 양도 엄청나게 많기 때문에 지질학적 층서로 남으리라는 것이 확실하다. 현재 지구 주변을 돌고 있는 기술화석도 있으며, 달이나 몇몇 행성에 존재하거나 심지어 우주공간에 도달한 기술화석도 있다.

문화적 인공물을 '기술종(technospecies)'으로 보고, 미래의 지층에서 발견될 다양한 기술종을 고고학자들이 조사하는 '물질문화'와 병렬하여 분석한다면 사회변화에 대한 매우 정확한 연대표를 구성할 수 있을지도 모른다. '기술종'은 대략 1000만에 이르는 지구상의 생물종보다 이미 더 다양할 수도 있다. 전자기기, 가전제품, 산업 부품 등의 기술종은 확실히 수백만 종에 달한다. 미래의 지질학자들은 지질시대를 구성할 때 아마도 '기술층서학적 표지'를 기꺼이 이용할 것이다.

인류권(Anthroposphere)

인류세는 지구 시스템 과학에도 새로운 난제들을 던졌다. 생물권, 대기권, 기후 체계와 동등하게, 이제는 인간이 만든 시스템과 인류권도 지구 시스템의 기본 구성요소로 모델링을 해야 할 필요성이 생겼기 때문이다. 쉘른후버가 말한 두번째 코페르니쿠스 혁명이라는 전망에 따르면, 인류권을 물리적 실체이자 형이상학적 '자의식이 있는 조절력'으로서 지구 시스템 '방정식'에 포함해야 한다. 여기서 자의식 있는 조절력이란 지구를 더 나은 방향으로 이끌어가기 위해 의식적이고 의도적이며 '목적론적인' 체계로 기능하는 지구적 인간 지능을 말한다. 쉘른후버가 이 논점을 처음 제기한 것은 아니었다. 베르나츠키는 인간의 인지 능력이 지구 시스템 발전의 '세번째 단계'이며, 지권과 생물권 다음에 의식적인 '정신권(noösphere)'이 지구적으로 나타난다고 정식화했다. 정신권 개념은 프랑스의 성직자이자 철학자였던 피에르 테야르 드 샤르댕(Pierre Teilhard de Chardin)이 1920년대에 도입한 개념에 기초하고 있다. 현재 지구가 처해 있는 상황을 보면 그 정신권이라는 것이 과연 무슨 생각을 하고 있는지 궁금할 뿐이다.

지구 시스템 모델은 기후변화에 대응하여 변화해가는 경제적 양상이나 농업적 양상과 같은 인간 사회 변동 및 역동적인 사회환경적 상호작용을 점점 더 정교하게 통합하고 있다. 이런 모델은 최근에 와서야 등장했지만, 이 분야에 대한 관심과 투자는 빠르게 늘어나는 중이다.

지구 시스템 과학은 연속적 과정에 기반한 모델과 분절된 경계 단위로 구성된 층서학적 시간 사이를 중재하기 위해서도 노력하고 있다. 예컨대 광합성은 지구 시스템의 상태를 대규모로 전환해놓았지만, 지질시대 안에서 별도로 표시되지 않는다. 한편 층서학에서는 홀로세와 플라이스토세가 구분되지만, 지구 시스템적 관점에서는 이 두 시기가 동일한 공전 궤도 안에서 동일한 기후 역학의 영향을 받기 때문에 별 차이가 없다. 홀로세는 수십 개의 간빙기 중에서 가장 최근에 온 시기일 뿐이다. 이런 관점을 토대로 지질학자 벤 판 데르 플라윔(Ben van der Pluijm)과 몇몇 학자들은 홀로세를 완전히 폐기하자고 제안했다. 물론 지구과학자 대부분은 홀로세가 여전히 유용한 구분이라는 입장을 고수하고 있다. 만약 홀로세를 정말로 폐기한다면 플라이스토세의 종료 시점은 인류세의 시작과 함께, 즉 공전 궤도보다 인간이 기후 역학을 변화시키는 더 강력한 요인이 될 때 도래한다. 확실히 그런 변화는 20세기 중반 시점에는 일어났으며, 어쩌면 그보다 훨씬 더 이른 시기에 일어났을 수도 있다. 지구 시스템적 관점에서 그런 변화를 감지하는 일은 어렵지 않다. 윌 스테판은 '인류세 방정식'에 기반하여 현재 인간이 초래하는 온난화가 지질학적 기저 비율보다 최소 170배 이상 빠르다고 추정하였다.

쉘른후버가 예상했듯이, 사람들은 이제 지구 시스템 과학이 측정과 예측 이상의 것을 제공해야 한다고 요구한다. 국제지권생물권계획은 2015년 지구적 지속 가능성 과학에 초점을 맞춘 새로운 국제 연구 프로그램인 '미래의 지구(Future

Earth)'로 탈바꿈했다. 이 프로그램에는 과학자뿐 아니라 정책 입안자와 기업가도 참여하여 환경 거버넌스 개선을 위한 연구 과업 설정에 협력하고 있다. 가이아를 돕기 위해 정말로 프로메테우스가 소환된 것이다.

지구공학(Geoengineering)

환경 거버넌스 중에서 가장 프로메테우스적인 것은 바로 지구 기후를 대상으로 하는 '지구공학'일 것이다. 파울 크뤼천이 보기에도 지구공학은 인류세와 깊게 얽혀 있는 분야였다. 2002년 크뤼천은 다음과 같이 썼다.

> 내가 거의 의심하지 않는 '인류세'의 특징이 하나 있다. 만약 먼 미래세대의 '호모 사피엔스'가 새로운 빙하기의 도래를 감지한다면, 그들은 빙하기를 막기 위해 할 수 있는 모든 일을 다 할 것이다. 대기권에 강력한 인공 온실가스를 주입하는 것처럼 말이다. 마찬가지로, 만약 이산화탄소 농도 수준이 너무 낮아져서 광합성과 농업 생산성도 감소하는 상황이 발생한다면, 사람들은 인공적으로 이산화탄소를 방출함으로써 대응하려 할 것이다.

이미 인류의 온실가스 배출로 인해 지구의 다음 빙하기가 10만 년 정도 늦춰졌다는 증거가 있다. 그런데도 기후를 조작하는 지구공학에 대한 관심은 그 어느 때보다 더 높다. 지구의 기온이 올라가면, 식량 체계 파괴, 가뭄 증가, 극심한 폭염, 해수면 상승, 혹독한 폭풍, 각종 사회적 피해가 나타나고, 그에 대처하는 비용도 비싸질 것이다. 지금까지 온실가스 배출 증가를 억제하려는 사회적 노력은 실패해왔다. 지금 실천하는 것이 적을수록 앞으로 더 많은 사회가 미래의 기후를 시원하게 만들기 위해 무엇이든 해야 할 것이다. 그리고 그런 목표를 달성하기 위한 가장 확실한 방법으로 지구공학이 제시될지도 모른다.

기후변화 문제를 해결하기 위한 지구공학적 전략으로는 대기 중 이산화탄소를 직접 포집하고 저장하기('직접 공기 포집'), 나무 심기, 토지 경작 줄이기, 토양에 숯 묻기('바이오 숯'), 해양 비옥화하기, 여타 생물학적 탄소 흡수량 및 저장량 증대시키기 등이 있다. 지붕을 흰색으로 칠하거나 거대한 거울을 우주로 쏘아 올리는 '태양 지구공학'('태양 복사 관리')을 통해 태양으로부터 오는 에너지를 우주로 반사시켜서 지구를 시원하게 하는 방법도 있다. 다양한 지구공학적 제안 중에서 아직까지 가장 널리 논의되고 경제적으로나 기술적으로나 가장 현실성 있으며 잠재적으로 가장 결정적인 방법은 2006년 파울 크뤼천이 제안한 방법이다. 크뤼천은 성층권에 빛을 반사하는 미세한 황산염 에어로졸 입자를 주입하자고 제안했다.

컴퓨터 모델링과 1991년 필리핀 피나투보 화산 분출 당시의 지구적 냉각 효과 추정치 등을 포함한 몇몇 연구 결과에 따르면, 제트기 편대 하나만으로도 지구 온도를 약간 낮출 수 있는 황산염 입자를 비용과 대비해 효율적으로 분사할 수 있다. 21세기 말까지 지구온난화가 최악으로 진행되더라도(섭씨 4도에서 6도 증가), 이런 지구공학적 개입을 활용하면 상황을 간신히나마 모면할 수 있을 것이다. 기후학자 데이비드 키스(David Keith)는 전 세계 평균 기온을 1도 낮추기 위해 연간 7억 달러가 소요되리라고 추정했다. 이 액수는 온실가스 배출을 완전히 없애는 데 드는 비용과 비교하면 극히 적은 액수이며, 한 국가 심지어 한 기업이나 억만장자 한 사람도 지출을 감당할 수 있는 규모다.

이처럼 저렴하고 실행 가능한 '기술적 처방'의 유혹이 있지만, 황산염 햇빛 가리개는 극심한 가뭄이나 계절풍 강우의 소멸과 같은 파멸적인 부작용을 가져올 가능성이 있다. 황산염을 주입하다가 중지해서 대기 중 이산화탄소를 집적하게 만들면 원래 방지하려고 했던 것보다 훨씬 더 극적으로 나쁜 결과가 초래될 수도 있다. 성층권에 황산염을 주입하는 태양 지구공학은 한 가지 문제를 해결하느라 더 큰 문제를 만드는 대표적인 사례다. 물론 언젠가 더 나은 선택지가 될 수도 있겠지만, 심화 연구가 뒷받침되지 않는 지구공학은 희미한 전망에 불과하다.

이카로스(Icarus)

인류세를 지구적 기후변화, 대멸종, 광범위한 오염으로만 정의하고 그 정도로 충분하다고 생각하는 사람이 있을지도 모르겠다. 그러나 그런 문제들은 널리 알려진 지구적 환경문제의 일부일 뿐이다. DDT 살충제와 같은 산업 화학물질 하나만으로도 전 세계 생물종을 대량으로 살상할 수 있는 잠재적 가능성이 있었다. 현재에도 8만 5000종이 넘는 산업용 화학물질이 사용되고 있으며, 그 생산 역시 가속화되고 있다(그림 42). 이 화학물질 대부분은 생물종이나 지구 시스템 전체는 고사하고 인간에게 미치는 유해성 검사조차 거친 적이 없다.

더 우려스러운 점은 엄청나게 해로운 영향을 미치는 지구적 환경변화가 명백하게 드러나야 했음에도 불구하고 지난 수십 년 동안 제대로 감지되지 않았다는 점이다. 두 개의 고전적 예로 해양 산성화(그림 43)와 플라스틱 오염을 들 수 있다. 이산화탄소를 물에 용해하면 물의 산성도가 높아진다는 사실은 잘 알려져 있다. 그러나 2003년 지구 생태학자 켄 칼데이

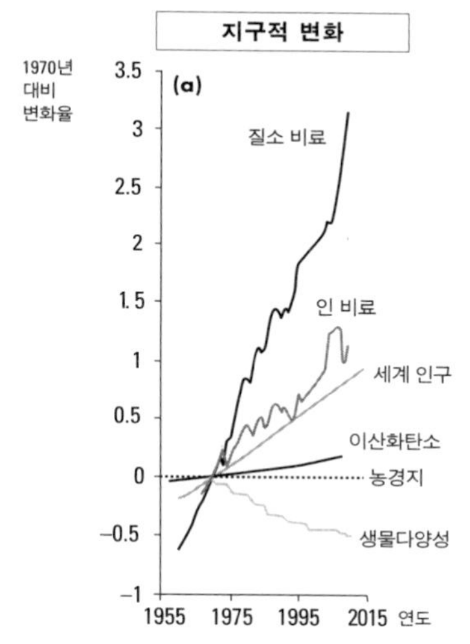

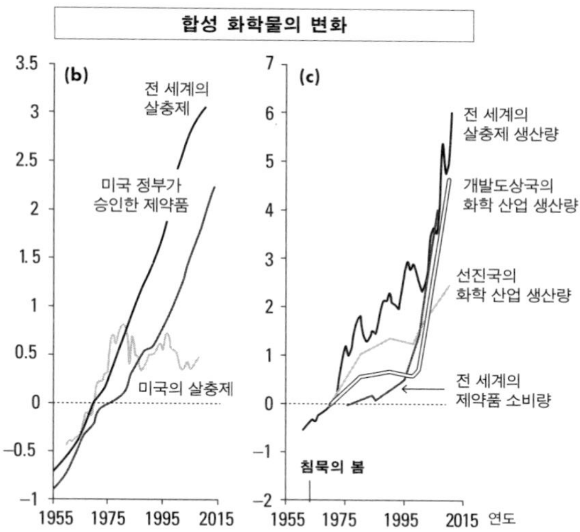

42. (a) 지구적 변화 요인의 상대적 변화, (b) 전 세계 합성 화학물질 다양성의 상대적 변화, (c) 전 세계 합성 화학물질 생산의 상대적 변화.

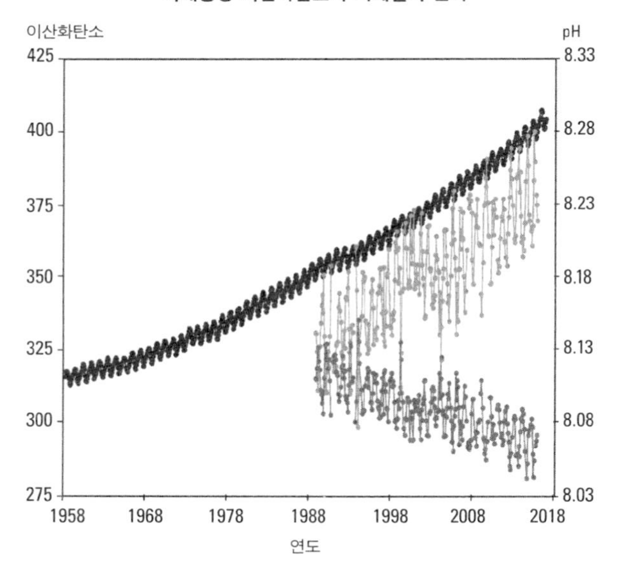

43. 해양 산성화. 대기 중 농도가 증가한 이산화탄소가 해수에 용해되면서 바다를 산성화시키고 있다(pH를 낮춤). 하와이 근해에서 측정.

라(Ken Caldeira)가 계산을 통해서 위협의 규모를 드러내기 전까지는 그렇게 단순한 화학반응이 거대한 바다에 문제를 일으키리라고 생각한 사람이 많지 않았다. 산호초의 성장은 이미 더뎌지고 있다. 바다의 산성도가 더 높았던 지구 역사의 이전 시기와 비교해보았을 때, 만약 이산화탄소 배출량이 수그러들지 않고 현재와 같이 유지된다면 산호초를 비롯한 수많은 조개류가 21세기 말에는 지구에서 사라질 것이다. 더 심각한 점은 따뜻해진 바다에서 이런 현상이 먼저 일어나리라는 점이다. 지금까지 지구 시스템 과학을 가장 종합적으로 요약했다고 평가받는 책이 2004년 출간된 『압박받는 행성』인데, 심지어 그 책에서도 해양 산성화에 대한 언급은 아예 찾아볼 수 없다.

플라스틱 생산량이 엄청나다는 점을 생각하면 플라스틱 오염은 불가피한 현상으로 보인다. 그렇지만 과학자들이 플라스틱 오염의 규모를 깨닫기 시작한 것은 극히 최근의 일이다. 초극세사 옷에서 나오는 미세 플라스틱 입자, 화장품과 세안제에서 나오는 미세한 조각, 더 큰 플라스틱 제품에서 분해되어 나오는 물질 등이 미세 플랑크톤에서 물고기에 이르기까지 해양 생물 전반의 체내에 놀랄 만한 속도로 축적되고 있다. 이런 추세가 계속된다면 2050년에는 해양 플라스틱 무게가 물고기 무게를 능가할 것이다. 플라스틱 문제가 지구적 환경

변화와 관련하여 우리가 "모른다는 사실조차 모르고 있는" 유일한 문제는 아니다. 예컨대 합성 호르몬이나 기타 제약 물질은 담수 생물의 체내를 비롯한 전체 생태계에 축적되고 있는데, 이 현상의 결과에 대해서는 상대적으로 알려진 바가 없다.

인간 사회가 지구적으로 발생시킨 유해한 환경변화의 압도적인 규모, 비율, 다양성을 고려하면, 인류세를 순전히 재앙이라고 생각하지 않기가 어렵다. 인류세는 인류나 적어도 가장 부유한 산업사회들이 자신을 포함한 행성 전체를 무분별하게 파멸로 몰아가는 시대라고도 볼 수 있다. 인류세를 독성 환경, 건강 악화, 복지 하락, 전쟁, 농업 실패, 도시 수몰, 파국적 기후변화, 대멸종, 사회적 붕괴로 정의하는 시각, 즉 '나쁜' 인류세라는 전망은 불가피해 보인다. 그래서 어쩌면 프로메테우스라는 비유가 완전히 틀렸을 수도 있다. 압도적으로 불리한 상황 속에서도 날아오르려고 했던, 어리석은 자만심을 품었던 이카로스로 비유하는 쪽이 더 정확할지도 모른다. 그렇지만 이 모든 것에도 불구하고 어떤 사람들은 정말로 날아다닌다. 사실 거리를 걷는 것보다 나는 것이 안전하기도 하니까 말이다.

좋은 인류세

인류세는 인간이 지구를 너무나 심대하게 바꿔서 암석에 영구적인 기록을 남길 정도가 되었다는 사실에 의해 정의된다. 그런데도 여전히 '좋은 인류세'에 대해서 이야기하는 사람들이 있다. '좋은 인류세'라는 용어를 만든 사람으로 내가 지목되곤 하는데, 어쩌면 앤드루 레브킨이 주인공일 가능성이 크다. 어느 쪽이든, 내 기억으로 나는 2011년 런던지질학회의 인류세 모임에서 '좋은 인류세'라는 용어를 처음 접했다.

과학적인 관점에서 볼 때 인류세는 좋지도 나쁘지도 않으며, 단지 관측 가능한 현상일 뿐이다. 인류세가 아직 끝나지 않았다는 점도 명확히 할 필요가 있다. 다른 지질시대의 '세'처럼 인류세는 수백만 년을 지속할 수도 있으며, 그 기간 동안 인류가 계속 살아남을 수도, 사라져버릴 수도 있다. 인간 사회가 현재와 미래에 무엇을 하느냐에 따라 인류세는 좋을 수도 있고 나쁠 수도 있는 것이다. 게다가 이 '인간의 시대'를 어떻게 경험하고 해석하느냐에 따라 좋을 수도 있고 나쁠 수도 있는 다수의 '인류세들'이 이미 존재한다. 예컨대 저지대 섬에 거주하거나 멸종위기에 처한 생물종의 마지막 개체라면 인류세가 결코 좋을 수는 없을 것이다.

좋은 인류세를 상상한다는 것은 본질적으로 프로메테우스적인 행동이다. 그렇지만 프로메테우스가 되는 방법은 매우 다양하다. 쉘른후버와 크뤼천은 매우 박식한 '인간 생각의 영역', 즉 정신권의 인도를 받는 기술관료적 프로메테우스를 상상했다. 기술관료적 프로메테우스는 지금까지 자신이 저질렀던 환경적 해악을 바로잡고, 이 행성에서 수백만 년 지속될 수 있는 더 나은 미래를 건설하기 위해 자신이 보유한 전례없는 지구적 힘을 행사할 것이다. 한편 다른 프로메테우스들은 이 행성에서 더 작은 존재로 살아가면서 중요한 변곡점을 만들 수 있다. 즉, 인류가 지구를 급격하게 변모시키지 않고 인류세를 조기에 종식시키면서 번영하는 방법을 배울 가능성도 있는 것이다. 기술관료제와 생태 유토피아 사이 그리고 그 너머에 이르기까지, 기존과 같은 생활양식에서 인공지능 로봇이 행성 차원으로 관리하는 생활양식에 이르기까지, 인류세가 전개될 수 있는 방향은 다양하다. 그렇지만 여전히 남겨진 질문이 있다. 임박한 환경적 재난을 피하기 위해 인간 사회가 자신을 바꿀 능력이 과연 있기는 할까?

좋은 인류세를 상상하려면 일단 우리가 이미 만들어낸 더 나은 미래를 볼 필요가 있다. 1970년대에 대규모 기아를 예측했던 파울 에를리히도 절대 어리석은 사람은 아니었다. 당시 인구는 끝이 보이지 않을 정도로 기하급수적으로 늘고 있었다. 그런데 지난 수십 년 동안 인구 증가율은 감소했으며, 농경지를 많이 확대하지 않고도 1인당 식량 생산량은 증가했다

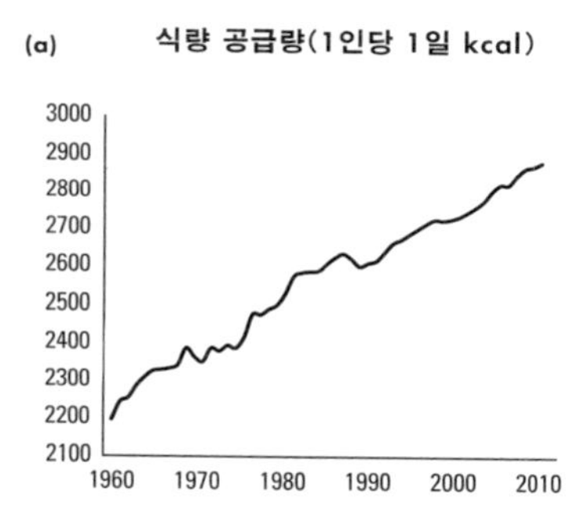

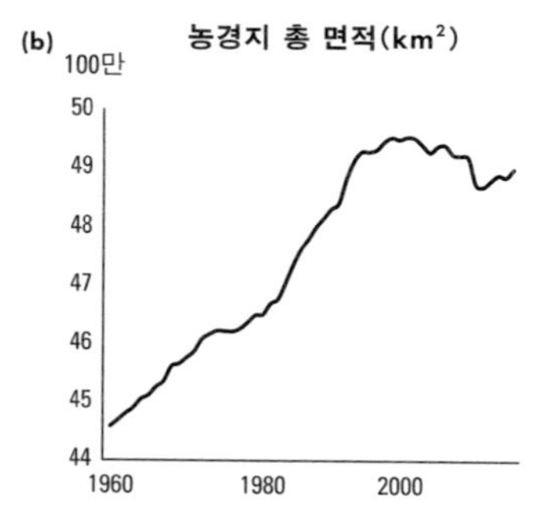

44. (a) 세계 식량 공급량, (b) 사용 농경지 총 면적.

(그림 44). 평균적으로 인간은 더 오래, 더 건강하게, 그리고 덜 폭력적인 환경에서 살게 되었으며, 양질의 교육을 받고, 선조들이 상상할 수도 없었던 기회에 접근할 수 있게 되었다. 사람들이 땅을 덜 사용하면서도 더 안정적이고 나은 삶을 누릴 수 있게 되는 가능성만을 이야기하는 것이 아니다. 실제로 일어나고 있는 현실을 말하고 있는 것이다.

기술관료적 프로메테우스에 대한 희망이 단순한 몽상에 그치는 것은 아니다. 몬트리올 의정서는 정말로 지구의 오존층을 살려냈다. DDT를 비롯한 여러 오염 물질 사용 금지 조치에서 시작하여 멸종 직전 위기의 야생 동물을 다시 돌아오게 한 보호 법령까지, 환경 재난을 막은 사회적 행동들은 매우 많다. 공원이나 보호지역 지정이 확산되는 일, 태양에너지나 전기차 같은 탄소 중립적 에너지 체계와 기술에 대한 투자가 급증하는 일이 바로 그런 행동에 해당한다. '지속 가능한 해산물 인증' 표시부터 에너지와 자원을 효율적으로 이용하는 '친환경 건축물 인증제도(LEED)'에 이르기까지, 소비자가 주도하는 환경보호운동의 성장도 마찬가지다. 이 모든 사회적 행동이 지구의 미래를 더 밝게 전망하도록 해준다. 앞서 소개한 '미래의 지구'는 '좋은 인류세의 씨앗들'이라는 프로젝트와 잡지 〈인류세〉에 투자를 해왔다. 〈인류세〉의 목표는 좋은 인류세의 가능성을 높이기 위해 사회적 혁신과 환경적 혁신을 규명하고 촉진하는 것이다. 우리가 지금 만들고 있는 것보다 훨씬 더 나은 인류세가 올 가능성은 확실히 충분하다.

빛이 있으라

인류세라는 단어는 2014년 옥스퍼드 영어사전에 등재되면서 다음과 같이 정의되었다.

> 현재의 지질학적 시대. 인간의 활동이 기후와 환경에 지배적인 영향을 끼쳤다고 간주되는 시대.

인류세는 우리의 어휘 목록과 학문 세계로 들어왔다. 여러 과학 학술지 제목에도 인류세가 등장한다.

그렇다면 '인간의 시대'는 과연 자연의 종말을 의미할까? 우리는 괴물을 만든 것일까? 과학사학자 브뤼노 라투르(Bruno Latour)는 다음과 같이 말했다.

> 프랑켄슈타인 박사가 저지른 잘못은 그가 오만하게도 첨단기술을 사용하여 새로운 존재를 창조해냈다는 점에 있는 것이 아니라 그 피조물을 그냥 방치했다는 점에 있다.

지금이 지구의 종말 혹은 인간 역사의 종말은 아니다. 아마도 최소한 10억 년 이상 지구는 계속해서 생명을 지탱해줄 것이다. 대부분의 다른 생물종처럼 우리 인간도 그때쯤이면 사라진 상태일 것이다. 아주 먼 미래에, 호기심 많은 어떤 존재가 자신이 아닌 다른 존재에 의해 영구적으로 변형된 행성을 발견하게 될지도 모른다.

우리가 파악하는 방식대로 세계를 바꿔가고 있는 이 시대에, 우리는 세계를 파악하는 방식 자체도 바꾸어야 한다. 인류세는 개개인의 삶보다 더 큰 것을 생각하라고 요구한다. 또한 인류세는 인간 사회의 시간보다 더 긴 시간 단위 속에서, 태초부터 종말까지 행성 전체의 작동과 변화를 상상하라고 요구한다. 이런 방식의 사고는 '거대 역사'의 관점을 통해 교육을 재구성하려는 광범위한 노력과 잘 어울린다. 거대 역사는 빅뱅에서 현재까지, 그리고 미래로 연결되는 역사적 과정과 사건들을 연결하려는 교육 프로그램이다. 거대 역사는 스튜어트 브랜드(Stewart Brand)와 대니 힐리스(Danny Hillis)가 추진하는 '기나긴 현재' 프로젝트처럼 깊은 시간성에 대해서 성찰하게 해준다. 브랜드와 힐리스는 1만 년 동안 작동하는 시계를 만들고 있는데, 이 시계에서는 연도가 02017처럼 다섯 자리 숫자로 표현된다.

『창백한 푸른 점』에서 칼 세이건은 다음과 같이 조언했다.

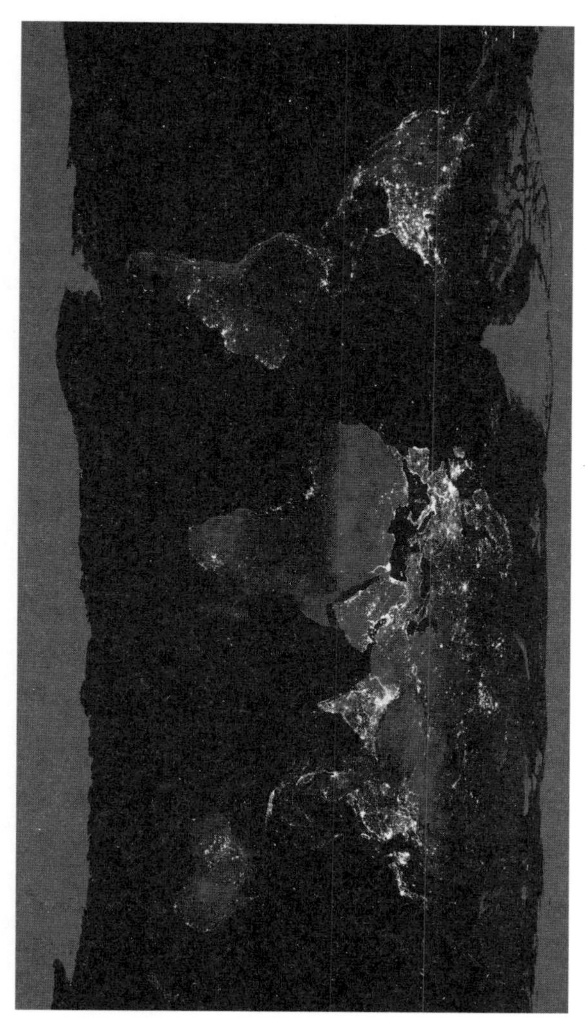

45. 밤에 본 지구. 우주에 떠 있는 NASA 위성에서 감지한 밤 시간대의 야외 조명.

"우리가 아이들에게 제시하는 비전이 곧 미래를 구성한다. 그런 비전이 무엇인지가 중요하다. 종종 비전은 자기실현적 예언이 된다. 꿈은 지도와 같다."

세이건이 말하는 '창백한 푸른 점'을 더 자세히 살펴보자. 더 어두운 쪽, 밤에도 선명하게 빛나는 부분을 주목해보라(그림 45). 어떤 한 개인이 의도했기 때문에 빛이 나는 것은 아니다. 세대와 지역을 넘어 서로 연결된 수많은 인간의 노력에 의해, 창발적이고 사회적이며 비의도적으로 빛이 나는 것이다. 지금까지 인류세는 우리가 다른 계획을 세우느라 바쁜 와중에 벌어졌다. 인류세는 여전히 진행되고 있는 현상이다.

인류세가 말해주는 것은 집합체로서의 인간이 자연의 힘이라는 사실이다. 우리 앞에는 더 나은 인류세와 더 나쁜 인류세의 가능성이 모두 존재한다. 인류세의 이야기는 이제 막 시작되었을 뿐이다. 우리에게는 앞으로 수백만 년 동안 비인간 자연과 인간이 함께 번영하는 미래를 만들 시간이 아직 남아 있다. 지구의 역사가 영구적으로 기록되는 암석 안에 우리들 각각이 더 나은 미래를 쓸 기회가 아직 있는 것이다.

연대기: 인류세의 잠재적인 시작점 및 제안된 GSSP 표지

사건	시점	층서학적 표지
석기 도구	(기원전) 320만 년에서 250만 년 전	석기 유물
불의 통제	(기원전) 160만 년에서 20만 년 전	숯
해부학적으로 현대인인 호모 사피엔스 출현	(기원전) ~30만 년 전	뼈
행태학적으로 현대인인 호모 사피엔스 출현	(기원전) 110만 년에서 6만 년 전	복잡한 인공 유물 복합체, 상징적 표지, 발달된 도구 등
거대동물 멸종	(기원전) 5만 년에서 1만 년 전	뼈, 인공 유물, 숯
도자기	(기원전) 3만 년에서 1만 5000년 전	도자기용 광물질
농업의 기원	(기원전) ~1만 1000년 전	꽃가루(재배작물, 잡초), 식물암, 동물 뼈, 숯
집약적 농업	(기원전) ~1만 1000년에서 6000년 전	**빙하 코어에 나타난 8000년 전 이산화탄소 최소치 표지**, 꽃가루(재배작물, 잡초), 식물암, 동물 뼈, 숯
쌀 생산, 반추동물이 배출하는 메탄	(기원전) ~6000년에서 3000년 전	**빙하 코어에 나타난 5020년 전 메탄 최소치 표지**, 동물 뼈, 논의 토양, 꽃가루, 식물암

사건	시점	층서학적 표지
청동기	(기원전) ~5000년에서 3000년 전	금속 유물, 채굴, 오염, 삼림 벌채 흔적
생물 동질화 (동질세)	(기원전) ~5000년에서 500년 전	꽃가루, 식물암, 동물 뼈
철기	(기원전) ~3000년에서 1000년 전	철제 유물, 채굴, 오염, 삼림 벌채 흔적
인위적 토양 변형	(기원전) ~3000년에서 500년 전	토양 유기물, 인 축적, 동위원소 비율, 꽃가루
자본주의(자본세)	~1450년	제안된 표지 없음
콜럼버스 교환(오르비스 못)	1492년에서 1610년	빙하 코어에 나타난 1610년 이산화탄소 최소치 표지, 꽃가루, 식물암, 뼈, 숯
산업혁명(탄소세)	1760년에서 1800년	석탄 연소에서 나오는 비산회, 탄소 및 질소 동위원소 비율, 호수의 규조 구성비, 빙하 속 이산화탄소
거대한 가속	1945년에서 1964년	**방사성 핵종(1964년 탄소 14와 플루토늄 239 정점)**, 블랙카본, 플라스틱, 오염물질, 기타 동위원소들

Simon L. Lewis and Mark A. Maslin, "Defining the Anthropocene," *Nature*, 519/7542 (2015), 171-80에 의거해서 작성.

감사의 말

아내 아리안 드 브레몽의 도움 없이는 이 책을 쓸 수 없었을 것이다. 아버지 로버트 엘리스는 이 책을 쓰도록 격려해주었고, 아이들 라이언과 아마이아는 내게 늘 영감을 불어넣어주었다. 이 책의 여러 장을 검토해주고 개선하는 데 귀중한 조언을 해준 매슈 에지워스, 마틴 헤드, 피터 커레이버, 로라 마틴, 존 맥닐, 윌 스테판, 크리스 토머스, 제브 트라첸버그, 알렉스 울프에게 큰 빚을 졌다. 또한 마크 매슬린, 팀 렌턴, 앤드루 바우어가 조언하고 토론하고 검토해준 덕분에 원고를 계속 쓸 수 있었다. 재러드 마굴리스, 애덤 딕슨, 제이슨 창의 의견도 도움이 되었다. 국제층서위원회 제4기층서소위원회 인류세 실무단의 동료들은 여러 측면에서 내 생각을 정립할 수 있도록 해주었다. 모든 동료들에게 감사의 마음을 전한다. 인류세를 지질시대로 넣어야 하는지에 대한 나의 견해가 그들과 다름에도 불구하고 나를 기꺼이 받아준 동료들, 특히 얀 잘라시에비츠, 콜린 워터스, 마크 윌리엄스에게는 특별히 더 감사의 뜻을 전하고 싶다. 라사 메논은 편집 과정에서 귀중한 조언을 해주었으며 제니 뉴지는 모든 것이 확실하게 제대로 진행되도록 신경써주었다. 내가 재직하는 볼티모어 카운티 소재 메릴랜드대학은 이 책을 집필할 수 있도록 휴가를 제공했으며, 스위스 베른대학의 발전 및 환경 센터는 물질적으로 도움을 주었다. 양 기관의 지원에도 감사를 표한다.

역자 후기

'인류세'는 이제 지구의 나이를 나타내는 지질학적 연대 중에서 대중적으로 가장 큰 관심을 끄는 시기가 되었다. 정작 층서학계 내에서는 실무단이 꾸려져서 이 개념을 공식적으로 고려하는 것이 옳을지에 대한 기초조사가 진행되었을 뿐인데 말이다. 과학계 안에서의 논의가 이토록 인간과 물질에 대한 새로운 철학적 논쟁을 일으키고 인간의 역사와 지구의 역사 사이의 상관관계를 심각하게 재고하게 한 적이 있었던가? 인류세처럼 인간과 지구의 미래와 관련해 문학적, 예술적 상상력을 자극하고 사회에서 새로운 실천 규범을 고민하게 한 개념이 있었던가? 그 이유는 인류세가 현재 벌어지고 있는 여러 위기 상황을 총체적으로 표현하는 수단이 되었기 때문이다.

이 책의 저자인 얼 C. 엘리스는 인류세실무단의 위원으로 참여하고 있는 생태학자로, 이 개념이 처음 제안된 배경, 과학적 근거, 논쟁의 지점에 대해 친절히 설명해준다. 인류세를 처음 들어보는 사람뿐 아니라 어느 정도 이해하고 있는 사람에게도 매우 유용한 정보가 많이 있다. 책의 형식은 개설서이지만, 자연사 분야의 발전과 지질학 및 지구 시스템 과학의 역사도 배울 기회를 제공한다. 지금까지 인류세를 소개하는 책들이 제법 많이 출판되었는데, 그중에서 과학적 내용을 가장 충실하고 알기 쉽게 담은 책이라고 생각한다.

이 책의 번역 제안을 흔쾌히 수락해주고 더딘 작업을 참을성 있게 기다려준 교유당의 신정민 대표님, 그리고 번역 및 교정 과정에 다방면으로 도움을 준 카이스트 인류세연구센터의 연구조교들과 교유당 편집부의 김승주 선생님에게도 감사드린다.

2021년 3월

김용진·박범순

독서안내

본문에 언급되었던 책들 중 일부는 국내에도 번역되었다.

『여섯 번째 대멸종』, 엘리자베스 콜버트, 이혜리 옮김, 처음북스(2014).

『의혹을 팝니다』, 에릭 M. 콘웨이, 나오미 오레스케스, 유강은 옮김, 미지북스(2012).

『침묵의 봄』, 레이첼 카슨, 김은령 옮김, 에코리브르(2011).

『20세기 환경의 역사』, J. R. 맥닐, 홍욱희 옮김, 에코리브르(2008).

『자연의 종말』, 빌 맥키번, 진우기 옮김, 양문(2005).

『가이아』, 제임스 러브록, 홍욱희 옮김, 갈라파고스(2004).

『창백한 푸른 점』, 칼 세이건, 현정준 옮김, 사이언스북스(2001).

인류세 논의를 위한 또다른 출발점으로는 아래 책들을 참고할 만하다.

『지구와 충돌하지 않고 착륙하는 방법』, 브뤼노 라투르, 박범순 옮김, 이음(2021).

『사피엔스가 장악한 행성』, 사이먼 L. 루이스, 마크 A. 매슬린, 김아림 옮김, 세종(2020).

『저렴한 것들의 세계사』, 라즈 파텔, 제이슨 W. 무어, 백우진·이경숙 옮김, 북돋움(2020).

『인류세』, 클라이브 해밀턴, 정서진 옮김, 이상북스(2018).

국내 연구자 및 유관 분야 전문가에 의한 인류세 관련 저작들도 활발히 나오고 있다.

『인류세: 인간의 시대』, 최평순·다큐프라임 〈인류세〉 제작팀, 해나무(2020).

『디어 아마존: 인류세에 관하여』, 조주현 외, 일민미술관/현실문화연구(2020).

『우리는 가장 빠르고 확실하게 죽어가고 있다』, 건국대 인류세인문학단, 들녘(2020).

『인류세와 에코바디』, 건국대 몸문화연구소, 필로소픽(2019).

『파란하늘, 빨간지구』, 조천호, 동아시아(2019).

계간 과학잡지 〈에피〉는 2019년부터 인류세 주제를 다루는 코너를 마련하고 있다. 아래 글들이 대표적이다.

「'인류세'는 '기후 변화'와 어떻게 다르며 왜 중요한가」, 줄리아 애드니 토머스, 〈에피〉 7호(2019).

「도망칠 수 없는 시대의 난민, 인류세 난민」, 박범순, 〈에피〉 10호(2019).

「인류세 시대, 전염병을 어떻게 볼 것인가」, 박범순, 〈에피〉 12호(2020).

참고문헌

제1장 기원들

Kolbert, Elizabeth, 'Enter the Anthropocene Age of Man', *National Geographic*, 219/3 (2011), 60–85.

Crutzen, P. J. and Stoermer, E. F., 'The "Anthropocene"', *IGBP Newsletter*, 41 (2000), 17–18.

Revkin, A. C., *Global Warming: Understanding the Forecast* (New York: Abbeville Press, Incorporated, 1992), 180.

Burchfield, Joe D., 'The Age of the Earth and the Invention of Geological Time', *Geological Society, London, Special Publications,* 143/1 (1 January 1998), 137–43.

Arrhenius, Svante, 'On the Influence of Carbonic Acid in the Air upon the Temperature of the Ground', *Philosophical Magazine,* 41 (1896), 237–76.

Report of the Environmental Pollution Panel, President's Science Advisory Committee, 'Restoring the Quality of Our Environment' (Washington, DC: The White House, 1965).

제2장 지구 시스템

Steffen, Will, Crutzen, Paul J., and McNeill, John R., 'The Anthropocene: Are Humans Now Overwhelming the Great Forces of Nature?' *AMBIO: A Journal of the Human Environment*, 36 (2007), 614–21.

NASA Advisory Council, Earth System Sciences Committee, *Earth System Science Overview: A Program for Global Change* (Washington,

DC: National Aeronautics and Space Administration, 1986), 48.

Schellnhuber, H. J., '"Earth System" Analysis and the Second Copernican Revolution', *Nature*, 402 (1999), C19–C23.

Moore III, Berrien, et al.,'The Amsterdam Declaration on Global Change', in Will Steffen et al. (eds), *Challenges of a Changing Earth: Proceedings of the Global Change Open Science Conference, Amsterdam, The Netherlands, 10-13 July 2001* (New York: Springer, 2001), 207–8.

제3장 지질시대

Zalasiewicz, Jan, et al., 'Are We Now Living in the Anthropocene?' *GSA Today*, 18 (1 February 2008), 4–8.

Remane, Jurgen, et al., 'Revised Guidelines for the Establishment of Global Chronostratigraphic Standards by the International Commission on Stratigraphy (ICS)', *Episodes*, 19/3 (1996), 77–81.

International Commission on Stratigraphy, 'Statutes of the International Commission on Stratigraphy, Ratified by IUGS in February, 2002' (International Commission on Stratigraphy, 2002).

Head, Martin J. and Gibbard, Philip L., 'Formal Subdivision of the Quaternary System/Period: Past, Present, and Future', *Quaternary International,* 383 (5 October 2015), 4–35.

Gibbard, Philip L. and Lewin, John, 'Partitioning the Quaternary', *Quaternary Science Reviews*, 151 (1 November 2016), 127–39.

Anthropocene Working Group of the Subcommission on Quaternary Stratigraphy (International Commission on Stratigraphy) '*Newsletter*',No. 1 (2009). Online: 〈https://quaternary.stratigraphy.org/workinggroups/anthropocene/〉.

Zalasiewicz, Jan, Crutzen, P. J., and Steffen, W., 'The Anthropocene', in F. M. Gradstein et al. (eds), *The Geologic Time Scale 2012, 2-Volume Set* (Oxford: Elsevier Science, 2012), 1033–40.

Waters, C. N., et al. (eds), *A Stratigraphical Basis for the Anthropocene* (Geological Society of London Special Publications, Volume 395: Geological Society of London, 2014), 321.

Ruddiman, William F., 'The Anthropogenic Greenhouse Era Began Thousands of Years Ago', *Climatic Change*, 61 (2003), 261–93.

Zalasiewicz, Jan, et al., 'When Did the Anthropocene Begin? A Mid-Twentieth Century Boundary Level is Stratigraphically Optimal', *Quaternary International,* 383 (2015), 196–203.

제4장 거대한 가속

Steffen, W., et al., *Global Change and the Earth System: A Planet under Pressure* (1st edn, Global Change – The IGBP Series; Berlin: Springer-Verlag, 2004), 332.

Steffen, Will, et al., 'The Anthropocene: Conceptual and Historical Perspectives', *Philosophical Transactions of the Royal Society A: Mathematical, Physical and Engineering Sciences*, 369 (13 March 2011), 842–67.

Ellis, Erle C., et al, 'Anthropogenic Transformation of the Biomes, 1700 to 2000', *Global Ecology and Biogeography*, 19 (2010), 589–606.

Smil, Vaclav, *The Earth's Biosphere: Evolution, Dynamics, and Change* (Cambridge, Mass.: MIT Press, 2003), 356.

Vörösmarty, Charles J. and Sahagian, Dork, 'Anthropogenic Disturbance of the Terrestrial Water Cycle', *Bioscience*, 50 (2000), 753–65.

Vitousek, Peter M., and Matson, Pamela A., 'Agriculture, the

Global Nitrogen Cycle, and Trace Gas Flux', in Ronald S. Oremland (ed.), *Biogeochemistry of Global Change: Radioactively Active Trace Gases. Selected Papers from the Tenth International Symposium on Environmental Biogeochemistry*, San Francisco, 19–24 August 1991 (Boston: Springer US, 1993), 193–208.

Stocker, Thomas F., et al. (eds), *Climate Change 2013: The Physical Science Basis: A Report of Working Group I of the Intergovernmental Panel on Climate Change* (Cambridge: Cambridge University Press, 2013).

Steffen, Will et al., 'Stratigraphic and Earth System Approaches to Defining the Anthropocene', *Earth's Future*, 4 (2016), 324–45.

Waters, Colin N., et al., 'The Anthropocene Is Functionally and Stratigraphically Distinct from the Holocene', *Science*, 351/6269 (8 January 2016), aad2622.

제5장 안트로포스

Smith, Bruce D., and Zeder, Melinda A., 'The Onset of the Anthropocene', *Anthropocene*, 4 (2013), 8–13.

Marean, Curtis W., 'An Evolutionary Anthropological Perspective on Modern Human Origins', *Annual Review of Anthropology*, 44/1 (2015), 533–56.

Nielsen, Rasmus, et al, 'Tracing the Peopling of the World through Genomics', *Nature*, 541/7637 (01/19/print 2017), 302–10.

Ellis, Erle C., et al., 'Used Planet: A Global History', *Proceedings of the National Academy of Sciences*, 110 (14 May 2013), 7978–85.

Ruddiman, W. F. et al, 'Late Holocene Climate: Natural or Anthropogenic?' *Reviews of Geophysics*, 54/1 (2016), 93–118.

Fuller, Dorian Q., et al., 'The Contribution of Rice Agriculture and Livestock Pastoralism to Prehistoric Methane Levels: An Archaeological Assessment', *The Holocene*, 21 (2011), 743–59.

Boivin, Nicole L., et al., 'Ecological Consequences of Human Niche Construction: Examining Long-Term Anthropogenic Shaping of Global Species Distributions', *Proceedings of the National Academy of Sciences*, 113/23 (6 June 2016), 6388–96.

Lewis, Simon L., and Maslin, Mark A., 'Defining the Anthropocene', *Nature*, 519/7542 (03/12/print 2015), 171–80.

Edgeworth, Matt, et al., 'Diachronous Beginnings of the Anthropocene: The Lower Bounding Surface of Anthropogenic Deposits', *The Anthropocene Review*, 2/1 (8 January 2015), 33–58.

Ruddiman, William F., et al, 'Defining the Epoch We Live in: Is a Formally Designated "Anthropocene" a Good Idea?' *Science*, 348/6230 (2015), 38–9.

제6장 오이코스

Kareiva, Peter, Lalasz, Robert, and Marvier, Michelle, 'Conservation in the Anthropocene', *Breakthrough Journal*, 2 (2011), 26–36.

Comte de Buffon, Georges-Louis Leclerc, *Histoire naturelle générale et particulière: supplement 5: des époques de la nature* (Paris: Imprimerie Royale, 1778). From: Trischler, Helmuth, 'The Anthropocene: A Challenge for the History of Science, Technology, and the Environment', *NTM Zeitschrift für Geschichte der Wissenschaften, Technik und Medizin*, 24/3 (2016), 309–35.

Vitousek, P. M. et al., 'Human Domination of Earth's Ecosystems', *Science*, 277 (1997), 494–9.

Denevan, W. M., 'The Pristine Myth: The Landscape of the Americas in 1492', *Annals of the Association of American Geographers*, 82 (September 1992), 369–85.

Ekdahl, Erik J. et al., 'Prehistorical Record of Cultural Eutrophication from Crawford Lake, Canada', *Geology*, 32/9 (1 September 2004), 745–8.

Zalasiewicz, Jan, et al., 'Making the Case for a Formal Anthropocene Epoch: An Analysis of Ongoing Critiques', *Newsletters on Stratigraphy*, 50/2 (2017), 205–26.

Ceballos, Gerardo, et al., 'Accelerated Modern Human-Induced Species Losses: Entering the Sixth Mass Extinction', *Science Advances*, 1/5 (2015).

Elton, Charles S., *The Ecology of Invasions by Animals and Plants* (London: Butler and Tanner Ltd., 1958), 181.

Vitousek, Peter M., et al., 'Human Appropriation of the Products of Photosynthesis', *BioScience*, 36 (1986), 368–73.

Berkes, F., and Folke, C. (eds), *Linking Social and Ecological Systems: Management Practices and Social Mechanisms for Building Resilience* (Cambridge: Cambridge University Press, 1998), 459.

Sanderson, E. W. et al., 'The Human Footprint and the Last of the Wild', *BioScience*, 52 (2002), 891–904.

Ellis, Erle C., and Ramankutty, Navin, 'Putting People in the Map: Anthropogenic Biomes of the World', *Frontiers in Ecology and the Environment*, 6 (2008), 439–47.

Rockstrom, Johan, et al, 'A Safe Operating Space for Humanity', *Nature*, 461 (2009), 472–5.

제7장 폴리티코스

Chakrabarty, Dipesh, 'The Climate of History: Four Theses', *Critical*

Inquiry, 35 (2009), 197–222.

Crist, Eileen, 'On the Poverty of Our Nomenclature', *Environmental Humanities*, 3/1 (1 January 2013), 129–47.

Finney, Stanley C. and Edwards, Lucy E., 'The "Anthropocene" Epoch: Scientific Decision or Political Statement?' *GSA Today*, 26/3–4 (2016), 4–10.

Wilson, E. O., *Half-Earth: Our Planet's Fight for Life* (New York: Liveright, 2016), 256.

Caro, T. I. M., et al., 'Conservation in the Anthropocene', *Conservation Biology*, 26/1 (2011), 185–8.

Hamilton, Clive, 'The Theodicy of the "Good Anthropocene,"' *Environmental Humanities*, 7 (2015), 233–8.

Swyngedouw, Erik, 'Apocalypse Now! Fear and Doomsday Pleasures', *Capitalism Nature Socialism*, 24/1 (2013), 9–18.

Scourse, James, 'Enough "Anthropocene" Nonsense: We Already Know the World Is in Crisis', *The Conversation* (14 January 2016). 〈http://theconversation.com/enough-anthropocene-nonsense-we-already-know-the-world-is-in-crisis-43082〉.

Boden, T. A., Marland, G., and Andres R. J., *Global, Regional, and National Fossil-Fuel CO_2 Emissions* (2017). Carbon Dioxide Information Analysis Center, Oak Ridge National Laboratory, US Department of Energy (Oak Ridge, Tenn., U.S.A. doi 10.3334/CDIAC/00001_V2017).

Malm, Andreas and Hornborg, Alf, 'The Geology of Mankind? A Critique of the Anthropocene Narrative', *The Anthropocene Review*, 1/1 (1 April 2014), 62–9.

Moore, J. W., *Capitalism in the Web of Life: Ecology and the Accumulation of Capital* (Kindle edn, New York: Verso Books, 2015).

Klein, Naomi, 'Let Them Drown: The Violence of Othering in a Warming

World', *London Review of Books*, 38/11 (2016), 11–14.

Biermann, Frank, 'The Anthropocene: A Governance Perspective', *The Anthropocene Review*, 1 (1 April 2014), 57–61.

Heise, Ursula K., 'Terraforming for Urbanists', *Novel*, 49/1 (1 May 2016), 10–25.

제8장 프로메테우스

Editorial, 'The Human Epoch', *Nature*, 473/7347 (05/19/print 2011), 254–4.

Zalasiewicz, Jan, et al., 'The Anthropocene: A New Epoch of Geological Time?' *Philosophical Transactions of the Royal Society A: Mathematical, Physical and Engineering Sciences,* 369 (13 March 2011), 835–41.

Zalasiewicz, Jan, et al., 'The Working Group on the Anthropocene: Summary of Evidence and Interim Recommendations', *Anthropocene* (2017; in press), 〈https//doi.org/10.1016/j.ancene.2017.09.001〉.

Hazen, Robert M., et al., 'On the Mineralogy of the "Anthropocene Epoch"', *American Mineralogist*, 102/3 (2017), 595–611.

Zalasiewicz, Jan, et al., 'Scale and Diversity of the Physical Technosphere: A Geological Perspective', *The Anthropocene Review,* 4/1 (2017), 9–22.

Van der Pluijm, Ben, 'Hello Anthropocene, Goodbye Holocene', *Earth's Future,* 2/10 (2014), 566–8.

Gaffney, Owen and Steffen, Will, 'The Anthropocene Equation', *The Anthropocene Review*, (2017), 〈https://doi.org/10.1177/2053019616688022〉.

Crutzen, Paul J., 'A Critical Analysis of the Gaia Hypothesis as a Model for Climate/Biosphere Interactions', *Gaia*, 11/2 (2002), 96–103.

Jones, Nicola, 'Solar Geoengineering: Weighing Costs of Blocking the Sun's Rays', *Yale Environment 360* (2014), 〈http://e360.yale.edu/features/solar_geoengineering_weighing_costs_of_blocking_the_suns_rays〉.

Bernhardt, Emily S., Rosi, Emma J., and Gessner, Mark O., 'Synthetic Chemicals as Agents of Global Change', *Frontiers in Ecology and the Environment*, 15/2 (2017), 84–90.

Caldeira, Ken and Wickett, Michael E., 'Oceanography: Anthropogenic Carbon and Ocean pH', *Nature*, 425/6956 (09/25/print 2003), 365

Zalasiewicz, Jan, et al., 'The Geological Cycle of Plastics and Their Use as a Stratigraphic Indicator of the Anthropocene', *Anthropocene*, 13 (2016), 4–17.

Bennett, E. M., et al., 'Bright Spots: Seeds of a Good Anthropocene', *Frontiers in Ecology and the Environment*, 14/8 (2016), 441–8.

Latour, Bruno, 'Love Your Monsters', Breakthrough Journal, 2 (Fall 2011), 21–8.

Sagan, Carl, *Pale Blue Dot: A Vision of the Human Future in Space* (New York: Random House, 1994), 384.

독서안내

제1장 기원들

Carson, Rachel, *Silent Spring* (Houghton Mifflin, 1962), 368. 1960년대 이후 환경 운동에 불을 지폈던, 이제는 고전이 된 책.

Leddra, M., *Time Matters: Geology's Legacy to Scientific Thought* (Wiley, 2010). 지질시대가 과학에 기여한 측면을 폭넓게 개관하는 책.

McKibben, Bill, *The End of Nature* (Random House, 1989), 226. 인간이 초래한 환경변화 때문에 지구가 변화했음을 보여주는 매우 영향력 있는 책.

Marsh, George Perkins, *Man and Nature: Or, Physical Geography as Modified by Human Action* (Scribner, 1865). 인간 사회에 의해 환경이 극적으로 변화하고 있음을 묘사한 초기 근대의 저서 중 하나.

Schwägerl, Christian and Crutzen, P. J., *The Anthropocene: The Human Era and How It Shapes Our Planet* (Synergetic Press, 2014), 248. 인류세의 기원과 미래에 대한 충실한 개관.

제2장 지구 시스템

Lenton, Tim and Watson, Andrew, *Revolutions that Made the Earth* (Oxford University Press, 2011). 오늘날 지구가 작동하는 방식을 이해하는

데 지침이 되는 지구 시스템 과학을 읽기 쉽게 개설한 입문서.

Lovelock, J., *Gaia: A New Look at Life on Earth* (Oxford University Press, 1979). 가이아 가설에 대한 고전적 저서.

Vernadsky, Vladimir I., *Biosphere: Complete Annotated Edition* (Copernicus Books (Springer-Verlag), 1998). 베르나츠키의 1926년 고전적 저서에 주석을 붙인 번역본.

제3장 지질시대

Gradstein, Felix M., Ogg, James George, and Schmitz, Mark (eds), *The Geologic Time Scale 2012, 2-Volume Set* (Elsevier, 2012). 지질시대에 관한 표준 교과서. 제4기와 선사시대를 다루는 장과 함께 인류세를 다루는 장도 최근 추가되었음.

Ogg, J. G., Ogg, G., and Gradstein, F. M., *A Concise Geologic Time Scale: 2016* (Elsevier Science, 2016). 지질시대를 설명하는 표준 지질학 교과서의 저자들이 공저한 책. 지질시대를 알기 쉽게 설명하고 있으며, 최근 개정된 내용도 포함하고 있음.

Zalasiewicz, Jan, *The Earth after Us: What Legacy Will Humans Leave in the Rocks?* (Oxford University Press, 2008), 272.

온라인: 공인된 GSSP 전체 목록은 아래 웹사이트에서 찾아볼 수 있음.

International Commission on Stratigraphy: 〈http://stratigraphy.org/gssps〉

Wikipedia: 〈https://en.wikipedia.org/wiki/List_of_Global_Boundary_Stratotype_Sections_and_Points〉.

제4장 거대한 가속

McNeill, John Robert, *Something New under the Sun: An Environment History of the Twentieth-Century World* (W. W. Norton & Company, 2001). 20세기 환경사를 다루는 고전적 저서.

McNeill, J. R., and Engelke, P., *The Great Acceleration* (Harvard University Press, 2016), 288. 거대한 가속을 중심으로 환경사를 다루는 책.

Steffen, W., et al., *Global Change and the Earth System: A Planet under Pressure* (1st edn, Global Change: The IGBP Series; Springer-Verlag, 2004). 인간에 의한 지구 시스템의 변화를 포함하여, 지구적 환경변화를 다루는 지구 시스템 과학을 정의해주는 고전적 저서. 인류세를 다루는 별도의 장이 포함되어 있음. 이 책의 핵심 내용은 2001년 국제지권생물권계획에 의해 32쪽짜리 요약본으로 간행된 바 있음.

제5장 안트로포스

Henrich, J., *The Secret of Our Success: How Culture Is Driving*

Human Evolution, Domesticating Our Species, and Making Us Smarter (Princeton University Press, 2015). 인간의 특출난 사회적 능력의 진화를 다루고 있는 책.

Mann, Charles C., *1491: New Revelations of the Americas before Columbus* (Knopf, 2005). 콜럼버스 교환으로 인해 아메리카 대륙에 나타난 사회적, 생태적 결과를 읽기 쉽게 서술한 책.

Ruddiman, William E., *Plows, Plagues, and Petroleum: How Humans Took Control of Climate* (Princeton University Press, 2005), 224. 인류가 초래한 기후변화, 그리고 기후학 일반에 관한 탁월한 책.

제6장 오이코스

Cohen, Joel E., *How Many People Can the Earth Support?* (W. W. Norton, 1995), 352. 인구에 관한 고전적인 저서.

Kareiva, Peter and Marvier, Michelle, *Conservation Science: Balancing the Needs of People and Nature* (Roberts and Company, 2011), 576. 인류세의 보전 생태학 교과서.

Kolbert, E., *The Sixth Extinction: An Unnatural History* (Bloomsbury, 2014), 319. 멸종의 역사를 매우 평이하게 설명한 책.

Marris, Emma, *Rambunctious Garden: Saving Nature in a Post-Wild World* (Bloomsbury USA, 2011), 224. 인류세의 생태학과 보전에 대한 탐색을 시도하는 책.

Thomas, Chris D., *Inheritors of the Earth: How Nature Is Thriving in an Age of Extinction* (Penguin, 2017), 320. 멸종에 직면한 상황에서의 진화적 변화를 다루는 책.

제7장 폴리티코스

Bonneuil, C. and Fressoz, J. B., *The Shock of the Anthropocene: The Earth, History and Us* (Verso Books, 2016), 306. 인류세에 대한 좌파주의 정치사.

Davis, Heather and Turpin, Étienne, *Art in the Anthropocene: Encounters among Aesthetics, Politics, Environments and Epistemologies* (Open Humanities Press, 2015), 416. 인류세의 예술을 탐색하는 편저서.

Haraway, D. J., *Staying with the Trouble: Making Kin in the Chthulucene* (Experimental Futures: Duke University Press, 2016), 312. 인류세에 대한 도나 해러웨이의 입장.

Moore, J., et al., *Anthropocene or Capitalocene? Nature, History, and the Crisis of Capitalism* (PM Press, 2016), 240. 인류세에 대한 여러 가지 비판적 시각을 담은 편저서.

Oreskes, Naomi and Conway, Erik M., *Merchants of Doubt: How a Handful of Scientists Obscured the Truth on Issues from Tobacco Smoke to Global Warmings* (Bloomsbury Publishing, 2011), 368. 인류세실무단 단원인 오레스케스가 기후과학을 둘러싼 정치를 분석한 고전적

저서.

Purdy, J., *After Nature: A Politics for the Anthropocene* (Harvard University Press, 2015), 336. 인류세의 정치적 함의에 관해 쉽게 풀이하며 탐색하는 책.

독일 세계 문화의 집(Haus der Kulturen der Welt, HKW)의 '인류세 교육과정': 〈http://www.anthropocene-curriculum.org/〉.

제8장 프로메테우스

Brand, Stewart, *Whole Earth Discipline: An Ecopragmatist Manifesto* (Viking Penguin, 2009), 325. 궁극적 프로메테우스라고 비유할 수 있는 입장에서 인류세의 기회에 대해 자세히 설명하는 책.

Christian, David and McNeill, W. H., *Maps of Time: An Introduction to Big History* (University of California Press, 2004), 667. 기원 이야기의 현대적이고 과학적인 판본을 인간 역사와 연결시키는 거대 역사. 거대 역사 프로젝트의 후원을 받아 무료 온라인 학습을 하게 해주는 교육 운동 사이트도 있음. 〈https://www.bighistoryproject.com/home〉.

Defries, Ruth, *The Big Ratchet: How Humanity Thrives in the Face of Natural Crisis* (Basic Books, 2014), 273. 인간이 왜 지구환경을 변화시켰으며, 이 문제에 대해 무엇을 해야 하는지를 설명하는 책.

Grinspoon, David, *Earth in Human Hands: Shaping Our Planet's*

Future (Grand Central Publishing, 2016). 프로메테우스적 관점을 가지고 인류세를 바라보는 우주생물학자의 저서.

Morton, Oliver, *The Planet Remade: How Geoengineering Could Change the World* (Princeton University Press, 2015). 기후 문제에 대한 지구공학을 다루는 매우 강렬한 책.

Pinker, Stephen, *The Better Angels of Our Nature: Why Violence Has Declined* (Penguin Publishing Groups, 2011), 832. 인간 사회에서 장기적으로 폭력이 감소하는 현상을 평가하고 있는 책.

Shellenberger, Michael and Nordhaus, Ted (eds), *Love Your Monsters: Postenvironmentalism and the Anthropocene* (Kindle edn.: Breakthrough Institute, 2011), 102. 인류세적 상황에 대한 프로메테우스적 평가와 함께 무엇을 해야 하는지의 문제를 다루는 책. 브뤼노 라투르의 글이 수록되어 있음.

온라인 자료

Anthropocene: '미래 지구'가 후원하고 있는 잡지 〈http://www.anthropocenemagazine.org/〉.

Our World in Data: 지구적 사회변화 및 환경변화에 대한 유용한 데이터와 분석 제공 〈http://ourworldindata.org/〉.

The Long Now Foundation: 향후 1만 년이라는 시간 틀 속에서 장기적으로 사고하고 책임감을 함양하자는 취지로 1996년 설립된

재단 〈http://longnow.org/〉.

인류세 학술지

The Anthropocene Review: 〈http://journals.sagepub.com/home/anr〉.

Anthropocene 〈https://www.journals.elsevier.com/anthropocene/〉.

Elementa: Science of the Anthropocene 〈https://www.elementascience.org/〉.

도판 목록

12. 홀로세의 GSSP 087

Reprinted from Quaternary International, 383, Martin J. Head, Philip L. Gibbard, Thijs van Kolfschoten, 'Formal subdivision of the Quaternary System/Period: Past, present and future', Pages No.4-35, Copyright 2015, with permission from Elsevier.

13. 인류세를 포함하기 위해 제안된 제4기의 시대 구분 수정안 091

Reprinted by permission from Macmillan Publishers Ltd: Nature, Simon L. Lewis, Mark A. Maslin, 'Defining the Anthropocene', 519, 171-180, copyright (12 March 2015), figure 1.

14. 거대한 가속: 1750년 이후 인간활동의 변화 096

Global Change and the Earth System: A Planet Under Pressure (2004), p. 132. Steffen, W., et al. © Springer-Verlag Berlin Heidelberg 2005, with permission of Springer Nature.

15. 거대한 가속: 1750년 이후 지구 시스템의 변화 097

Global Change and the Earth System: A Planet Under Pressure (2004), p. 133. Steffen, W., et al. © Springer-Verlag Berlin Heidelberg 2005, with permission of Springer Nature.

16. 활성질소의 지구적 변화 113

Box 6.2 Figure 1 in IPCC, 2013: Climate Change 2013: The Physical Science Basis. Contribution of Working Group I to the Fifth Assessment Report of the Intergovernmental Panel on Climate Change [Stocker, T. F., et al. (eds)]. Cambridge University Press, Cambridge, United Kingdom and New York, NY, USA, 1535.

17. 질소의 지구적 순환 115

18. 지난 45만 년 동안 대기 중 이산화탄소의 변화 117

Global Change and the Earth System: A Planet Under Pressure (2004), p. 134. Steffen, W., et al. © Springer-Verlag Berlin Heidelberg 2005, with permission of Springer Nature.

19. 1800년에서 2000년까지 인간이 배출한 이산화탄소 총량의 지구적 변화 추이 117

20. 1850년에서 2000년까지 지표면 온도의 지구적 변화 119

21. 홀로세 동안 지표면 온도의 지구적 변화 119

From Marcott et al. 2013. A Reconstruction of Regional and Global Temperature for the Past 11,300 Years. Science 339:1198-1201, figure 1B. Reprinted with permission from AAAS.

22. 인류세의 체제 이동 122

Figure 5 in Steffen et al. 2016. Stratigraphic and Earth System Approaches to Defining the Anthropocene, *Earth's Future* 4:324-45.

23. 인류가 초래한 변화의 새로운 지표들 127

From Waters et al. 2016. The Anthropocene is functionally and stratigraphically distinct from the Holocene. *Science* 351, figure 1A. Reprinted with permission from AAAS.

24. 인류의 탈아프리카 대이동 지도 137

Reprinted by permission from Macmillan Publishers Ltd: Nature, Nielsen, et al. 'Tracing the peopling of the world through genomics', 541:302-310, copyright (2017).

25. 협동 사냥 139

Wikimedia Commons/CC-BY-SA-4.0.

26. 가축 사육과 작물 재배의 중심지 145

Fig 1 in Larson, G., et al. 'Current perspectives and the future of domestication studies', Proceedings of the National Academy of Sciences (2014) 111:6139-6146. Reproduced with permission.

27. 초기 농업의 발전 양상 146

Redrawn with permission based on Fuller, Dorian Q., et al., 'Comparing Pathways to Agriculture', Archaeology International, 18 (2015), 61-6.

28. 토지이용의 역사를 보여주는 세계지도 149

Based on Ellis, Erle C., et al., 'Used planet: A global history', Proceedings of the National Academy of Sciences, 110 (May 14, 2013), 7978-85.

29. 러디먼 가설 151

Based on Kaplan, et al. 2011. Holocene carbon emissions as a result of anthropogenic land cover change. The Holocene 21:775-791. With kind permission of Jed Kaplan.

30. 건식 및 습식 쌀 생산을 통해 토지로부터 배출되는 메탄 153

Fuller, D. Q., et al. The contribution of rice agriculture and livestock pastoralism to prehistoric methane levels: An archaeological assessment. The Holocene 21(5), pp. 743-759. Copyright © 2011 by the Authors. Reprinted by permission of SAGE Publications, Ltd.

31. 초기의 인류세 GSSP 제안들 161

Reprinted by permission from Macmillan Publishers Ltd: Nature, Simon L. Lewis, Mark A. Maslin, 'Defining the Anthropocene', 519, 171-180 copyright (12 March 2015), figure 1.

32. 시리아에 있는 한 주거지역에서 발견된, 인간에 의해 형성된 퇴적층의 층서 단면 164

Figure 8.2 in Moore et al. (2000): *Village on the Euphrates: From Foraging to Farming at Abu Hureyra*, Oxford University Press.

33. 고고학의 3단계 시대 구분 체계 166

34. 장기간에 걸쳐 생태학적 변화가 일어난 경관의 모습 177

Figure 2 in Boivin, et al. 2016. Ecological consequences of human niche construction: Examining long-term anthropogenic shaping of global species distributions. Proceedings of the National Academy of Sciences 113:6388-6396.

35. 크로포드 호수 퇴적물 코어에 나타난 인간활동의 층서학적 표지 180

Based on figure by Zalasiewicz, Jan, et al., 'Making the case for a formal Anthropocene Epoch: an analysis of ongoing critiques', Newsletters on Stratigraphy, 50/2 (2017), 205-26, using data from Ekdahl, Erik J., et al., 'Prehistorical record of cultural eutrophication from Crawford Lake, Canada', Geology, 32/9 (September 1, 2004), 745-8. Used with permission.

36. 기본 멸종률과 비교한 척추동물의 누적 멸종률 186

Republished with permission of American Association for the Advancement of Science, from Ceballos, et al., 2015, 'Accelerated modern human-induced species losses: Entering the sixth mass extinction', Science Advances 1, figures 1A and B; permission conveyed through Copyright Clearance Center, Inc. http://advances.sciencemag.org/content/1/5/e1400253.full.

37. 연동되는 사회생태적 시스템의 상호작용 197

Taken from http://wiki.resalliance.org/index.php/Bounding_the_System_-_Level_2

38. 인간에 의해 형성된 생물군계를 나타낸 2000년 시점의 세계지도 201

Based on Ellis, et al. Anthropogenic transformation of the biomes, 1700 to 2000. Global Ecology and Biogeography 19:589-606.

39. 세계 인구의 역사 206

Tga. D Based on Loren Cobb's work/CC-BY-SA-3.0, using original data from U.N. 2010 projections and US Census Bureau historical estimates, https://commons.

wikimedia.org/wiki/File:World-Population-1800-2100.svg. And Max Roser/ CC-BY-SA, https://ourworldindata.org/world-population-growth/#key-changes-in-population-growth.

40. 행성적 경계들 208

41. 1800년에서 2010년까지의 누적 탄소 배출량 221

Boden, et al. Global, Regional, and National Fossil-Fuel CO_2 Emissions, Carbon Dioxide Information Analysis Center, Oak Ridge National Laboratory, 201.

42. 지구적 변화 요인의 상대적 변화, 전 세계 합성 화학물질 다양성의 상대적 변화, 전 세계 합성 화학물질 생산의 상대적 변화 253

Bernhardt, et al. 'Synthetic chemicals as agents of global change', Frontiers in Ecology and the Environment, 15/2 (2017), 84-90, figure 1. John Wiley and Sons © Ecological Society of America.

43. 해양 산성화 254

Data: Mauna Loa (ftp://aftp.cmdl.noaa.gov/products/trends/co2/co2_mm_mlo.txt) ALOHA (http://hahana.soest.hawaii.edu/hot/products/HOT_surface_CO2.txt). Ref: J. E. Dore et al., 2009. Physical and biogeochemical modulation of ocean acidification in the central North Pacific. Proceedings of the National Academy of Sciences 106:12235-12240. Used with permission.

44. 세계 식량 공급과 사용 농경지 총 면적 259

(a) World food supply: FAQ. FAOSTAT. Food supply (kcal/capita/day). (Latest update: 03-18-2017). Accessed 03-21-2017. URI: http://www.fao.org/faostat/en/#data. Reproduced with permission.
(b) Total use of agricultural land: FAO. FAOSTAT. Land (Agricultural area). (Latest update: 03-18-2017). Accessed 03-21-2017. URI: http://www.fao.org/faostat/en/#data. Reproduced with permission.

45. 밤에 본 지구 263

NASA Earth Observatory.

인류세

ANTHROPOCENE

초판 1쇄 발행 2021년 4월 19일
초판 5쇄 발행 2025년 1월 2일

지은이 얼 C. 엘리스
옮긴이 김용진 박범순

편집 최연희 이고호
디자인 강혜림
저작권 박지영 형소진 최은진 오서영
마케팅 김선진 김다정
브랜딩 함유지 함근아 박민재 김희숙 이송이 박다솔 조다현 배진성 이서진 김하연
제작 강신은 김동욱 이순호
제작처 한영문화사(인쇄) 한영제책사(제본)

펴낸곳 (주)교유당 **펴낸이** 신정민
출판등록 2019년 5월 24일 제406-2019-000052호
주소 10881 경기도 파주시 회동길 210
전자우편 gyoyudang@munhak.com
문의전화 031) 955-8891(마케팅)
031) 955-2680(편집)
031) 955-8855(팩스)

페이스북 @gyoyubooks
트위터 @gyoyu_books **인스타그램** @gyoyu_books

ISBN 979-11-91278-35-4 03400

이 책의 번역은 대한민국 정부(과학기술정보통신부)의 재원으로 한국연구재단의 지원을 받아 수행된 연구 성과의 일환입니다(NRF-2018R1A5A7025409).